当你可以和不确定性共处时，无限的可能性就在生命中展开了。

埃克哈特·托利

严密系统设计

方法、趋势与挑战

[法][希]约瑟夫·希发基思(Joseph Sifakis)◎著
王强 张继勇◎译著

電子工業出版社
Publishing House of Electronics Industry
北京•BEIJING

版权贸易合同登记号　图字：01-2023-5881

图书在版编目（CIP）数据

严密系统设计：方法、趋势与挑战 /（法）约瑟夫・希发基思（Joseph Sifakis）著；王强，张继勇译著．— 北京：电子工业出版社，2023.12

ISBN 978-7-121-46765-3

I. ①严… II. ①约… ②王… ③张… III. ①数字系统－系统设计 IV. ①TP271

中国国家版本馆 CIP 数据核字（2023）第 227114 号

责任编辑：秦淑灵

印　　刷：北京利丰雅高长城印刷有限公司

装　　订：北京利丰雅高长城印刷有限公司

出版发行：电子工业出版社

　　　　　北京市海淀区万寿路 173 信箱　邮编：100036

开　　本：700×1000　1/16　印张：13　字数：151 千字

版　　次：2023 年 12 月第 1 版

印　　次：2023 年 12 月第 1 次印刷

定　　价：79.00 元

凡所购买电子工业出版社图书有缺损问题，请向购买书店调换。若书店售缺，请与本社发行部联系，联系及邮购电话：（010）88254888，88258888。

质量投诉请发邮件至 zlts@phei.com.cn，盗版侵权举报请发邮件至 dbqq@phei.com.cn。

本书咨询联系方式：qinshl@phei.com.cn。

作者简介 >>>

约瑟夫·希发基思（Joseph Sifakis）

法国和希腊双重国籍，国际知名计算机科学家，2007年"图灵奖"获得者，法国Verimag实验室创始人兼荣誉主任，南方科技大学杰出访问教授；曾任法国国家科学研究中心研究总监、法国约瑟夫傅里叶大学研究员、瑞士洛桑联邦理工学院教授；2001年获得法国国家科学研究中心银质奖章，2008年当选法国工程院院士和欧洲科学院院士，2010年当选法国科学院院士，2015年当选美国人文和科学院院士，2017年当选美国工程院外籍院士，2019年当选中国科学院外籍院士。

希发基思教授是模型检测以及嵌入式系统设计与验证等研究领域的先驱。他在国际上首次提出通过对时序逻辑公式的计值来验证并发系统性质的思想，得到一系列开创性理论成果，包括对含有"可能"和"必然"模态算子的分支时序逻辑的不动点刻画，以及首个面向带时间分支时序逻辑的符号模型检测算法和以该算法为基础的实时系统模型检测工具Kronos。这些工作为模型检测研究领域的创立和发展奠定了理论基础。当前，模型检测已成为分析、验证并发系统性质的最重要的技术，成功应用于计算机硬件、软件、通信协议、安全认证协议等领域。由于对模型检测理论和技术的开创性贡献，他荣获2007年国际计算机届最高奖“图灵奖”。

希发基思教授曾担任欧盟“卓越网络”ARTIST嵌入式系统研究联盟的科学协调人，负责协调欧洲35个实时与混成系统领域研究小组的工作。在此期间，他极力推动欧盟与中国在该领域的合作。在他领导下，该研究联盟从2006年至2011年在中国举办了6届嵌入式系统设计讲习班，使用欧盟经费，邀请国际上嵌入式系统领域的知名专家为国内研究生和青年学者讲课，极大促进了中国在该领域的人才培养和学科发展。

王强博士

中国人民解放军军事科学院副研究员，本科及硕士毕业于国防科技大学，博士师从Joseph Sifakis教授，毕业于瑞士洛桑联邦理工学院，承担国家及省部级项目多项，发表学术论文20余篇，主要从事安全关键系统形式化建模与验证、基于模型的系统设计方法等领域研究。

张继勇博士

杭州电子科技大学特聘教授，国家级人才专家，先后在清华大学获得计算机科学专业学士和硕士学位，博士毕业于瑞士洛桑联邦理工学院，长期从事云计算、机器学习、数据科学和推荐系统等领域研究。

序

非常荣幸向广大读者介绍《严密系统设计——方法、趋势与挑战》这本学术著作。世界著名计算机科学家、2007年图灵奖获得者Joseph Sifakis教授主笔，并与其合作者王强副研究员、张继勇教授共同撰写完成了该著作。该著作旨在全面阐述自主计算系统设计的原理和方法，包括系统设计的基本概念、意义以及对该领域未来发展的展望。

近十多年来，随着深度学习的成功所引发的人工智能技术的迅猛发展，计算系统也出现了从“自动”到“自主”的发展趋势。“自主系统”与“自动系统”的关键差别在于，前者必须具备正确应对在系统设计和开发阶段所无法预知的外部环境的能力，这对系统设计提出了重大挑战。由于自主系统往往部署在安全性至关重要的场景，因此需要一种新的方法来确保系统设计过程的语义连贯性，以实现安全可靠性需求的可回溯、可解释。Joseph Sifakis教授是国际上研究自主计算系统设计的先驱；在过去几年中，他提出了自主系统设计的一系列基本原理和方法，为这个新研究领域的形成和发展奠定了基础。作者在本书中对这些原理和方法进行了详尽、深入浅出的阐述。

本书主体内容包括6章，每章均围绕一个主题展开全面阐述。

第 1 章介绍系统设计的基本概念，讨论传统的系统设计方法及其局限性。第 2 章解释系统设计中正确性的含义，以及确保正确性的复杂性根源及其带来的技术挑战。第 3 章重点阐述严密系统设计方法的基本原则及其应用，这是作者对过去数十年研究工作和成果的总结。第 4 章介绍基于 BIP（Behavior，Interaction，Priority）的系统设计框架，该框架是对严密系统设计方法的具体实践，本章不仅包括对 BIP 建模语言和相关工具的介绍，也给出了详细的案例分析，论述了该框架的有效性。第 5 章讨论自主系统设计的发展趋势，特别是以机器学习为代表的人工智能技术的广泛应用为系统设计带来的技术挑战，探讨了在自主系统设计中不同类型知识的生成及其作用，以及将数据驱动的人工智能技术与传统的模型驱动技术进行集成的方法。第 6 章讨论自主系统的智能测试，即如何判定系统的智能水平，展示了一种新的面向自主系统的智能测试方法，称为“替换测试”。另外，针对自主系统的高度复杂性，书中也讨论了在理性的形式验证思想指导下基于仿真测试的经验验证。

本书不仅为计算机专业的学者、工程师和学生提供了全面且广泛的关于计算系统，特别是自主计算系统设计的理念、知识和方法，同时也为基于人工智能的一般计算系统的发展和应用，提供了深入细致的设计开发指导和宝贵的文献资源。

林惠民

中国科学院软件研究所

中国科学院院士

2023 年 11 月 21 日

目　录

第 1 章

引　言

1.1 系统设计的概念

设计是一项普遍存在的用于联结精神世界和物理世界的创造性智力活动。设计的主要目的是通过创造性的知识发现和系统构造来适应和改变我们生活的环境，以满足我们的物质和精神需求。设计是任何一项工程活动的重要组成部分，并且通常会涉及多个学科的专业技能和知识经验，如电子、机械、热力、土木、建筑、计算及系统工程等。事实上，我们生活的物理世界就是所有这些设计活动的结果的累积。

设计是一个依据特定需求构造相应的人造系统(以下简称系统)的过程。这些特定需求既包括描述系统所提供的功能或服务的功能需求，也包括在系统开发以及全生命周期过程中关于资源利用的非功能需求。设计过程需要协调两个相互矛盾的目标：第一个是提高设计效率以及降低开发成本的目标；第二个是确保系统设计正确性的目标，尤其是当系统涉及公共安全和信息安全时，为了确保所构造的系统被用户广泛接受，这个目标是不可或缺的。

设计的概念和过程具有普适性，如图 1.1 所示。无论是烹饪的设计过程，还是计算系统的设计过程，大都可以分解为两个阶段。第一个是程序化(proceduralization)阶段，该阶段描述了系统功能需求及其实现过程。对于烹饪而言，该过程主要完成菜谱的制定；对于计算系统而言，则是完成应用软件的开发，实现从描述性的系统功能需求到可执行的软件代码的转换。这个阶段需要确保应用软件的正确性，即满足系统的功能需求。第二个是实物化（materialization）阶段。对于烹饪而言，该过程完成从菜谱到菜品的转变。对于计算系统来说，这个阶

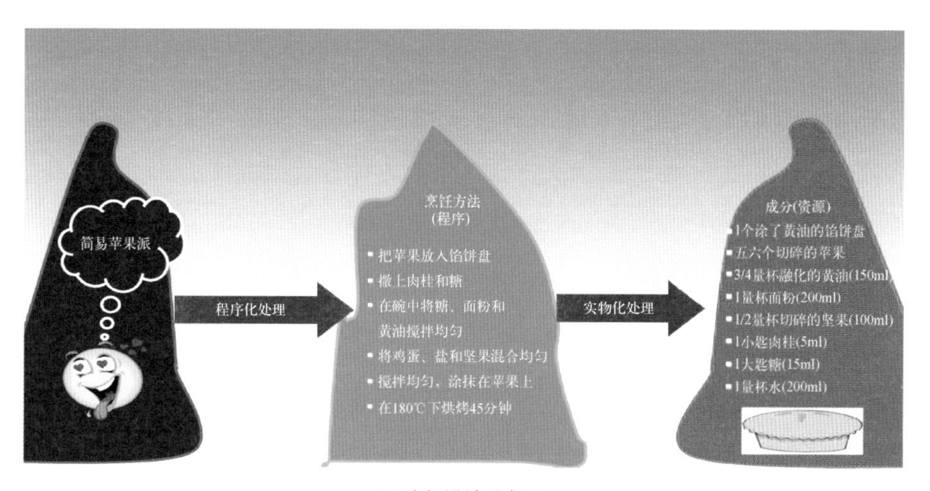

(a) 烹饪设计示意图

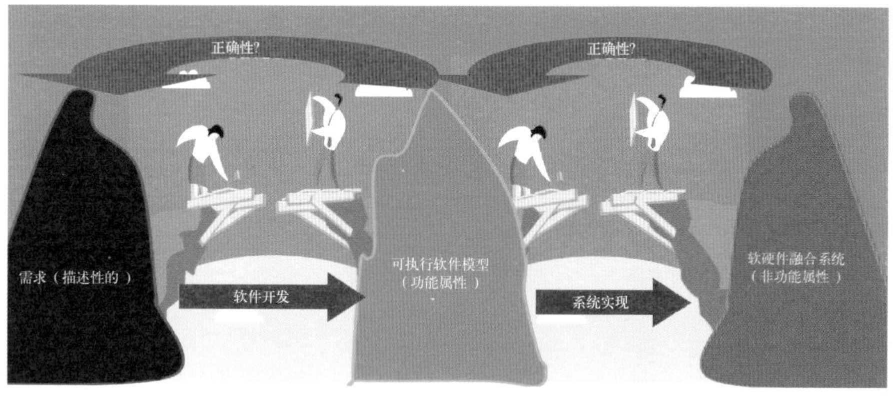

(b) 计算系统设计示意图

图 1.1 设计的概念和过程

段完成从应用软件到软硬件融合系统的转变，除需要确保系统的功能正确性之外，还需要考虑如何有效利用可用资源以满足系统非功能需求，如计算时间和内存开销等。

设计是一个问题求解以及需求满足的过程。通常情况下，问题或需求是通过自然语言来描述的。对于一些特定应用领域，需求也可以通过数理逻辑进行形式化表述，形成逻辑规约。当需求被表述为逻辑规约时，设计活动的程序化阶段就可以理解为一个合成(synthesis)过程，即从描述性的逻辑规约到可执行程序的自动化转换。合成过程的正确性要求可执行程序的行为是严格满足逻辑规约的。当前，从一般化的逻辑规约进行程序合成仍然存在诸多技术难点，如逻辑规约的不可判定性以及合成过程内在的高度计算复杂性等。此外，在工程实践过程中，一个新的产品或者系统很少从零开始设计，往往基于一定的准则复用已有的且已证明有效的解决方案。例如，在基于组件的设计方法中，组件复用已经成为复杂软件开发的基本实践。然而，如何正确且高效地集成新设计的组件和已有的组件，也是一项极具挑战的难题。正是由于这些原因，在很多工程领域，设计在很大程度上仍然是一项依赖团队经验和专业技能的创造性智力活动。尽管部分设计过程可以借助工具实现自动化，如计算机辅助设计(Computer Aided Design，CAD)工具，但是设计过程中仍然存在一些关键环节，如体系架构设计等，这些环节只有通过人的创造性思维和深入分析才能完成。

对设计过程进行严格的形式化定义涉及许多深层的理论问题。然而，到目前为止，它并没有引起学术界的广泛关注，相反，却被认为是一种"冷门"的研究问题。原因可能在于以下两个方面：一个是，学术界普遍追求的是简单优雅且通用的理论方法，而设计是一项领域相关的工程活动，往往不存在放之四海而皆准的通用理论方法；另一个是，设计在本质上是跨学科的，设计的形式化需要实现不同抽象级别的异构模型的一致集成，如通信、计算、控制以及物理系统模型等，然而，我们目前还缺乏统一的系统集成框架和工具。

在本书中，我们使用术语"系统"表示软硬件融合的计算机系统。需要指出的是，系统与软件之间有着重要的区别。

软件通常用高级程序语言编写，只是单纯地实现了系统所需的功能，并且独立于硬件运行平台和物理资源，同一个软件在不同硬件平台上的行为(输入/输出)是相同的。尽管在编程语言中，时间和资源可能作为外部参数出现，并且可以链接到运行环境中的相应物理量；但是，在语义层面，超时等涉及物理资源的事件仍然是一个外部事件，并且与任何其他外部事件(如自动驾驶车辆与障碍物发生碰撞的事件)没有区别。

系统通常是反应式的(reactive)，并且与外部环境存在大量的交互。反应式系统的设计极具挑战，主要体现在两方面：一方面，反应式系统与外界环境的交互具有不可预测性和不确定性；另一方面，反应式系统不仅包含了复杂的数据和算法，还存在多种突发的偶然性行为或者级联故障。反应式系统的输入通常是外部激励，这些激励能够触发系统自身的状态变化以及改变环境状态的输出。系统的行为可以建模为输入和输出实时序列之间的数学关系。

一般来说，系统具有非终止性和不确定性，其正确性不仅依赖于应用软件的正确性，还取决于运行平台的动态特性，如执行时间和存储空间等。尽管计算理论为软件研究(特别是顺序程序的研究)提供了一套严格的理论基础，但是经典的计算理论模型主要关注可计算性和计算复杂性问题，并不考虑物理资源以及系统与物理环境之间的相互作用。在这种模型下，算法软件执行所需的物理资源量(如内存和时间等)与系统运行过程所需的实际物理资源量的关系非常松散，因此经典的计算理论模型并不适用于反应式系统设计。

1.2 系统的演变过程

计算机及其他数字化系统在各种领域的广泛应用是计算和信息通信技术发展的主要特点。图 1.2 展示了计算与信息通信技术的发展历史和趋势。20 世纪中叶，随着计算理论和电子技术的发展，第一台计算机问世，这个时期的计算机主要应用于军事领域。到 20 世纪 70 年代左右，随着程序语言和软件技术的发展，计算机逐步应用于民用领域，构建了各种各样的信息系统。在20世纪80年代，通信和网络技术的发展，使得计算机的互联互通成为可能，极大促进了网络化系统的发展，为互联网和数字化社会奠定了技术基础。

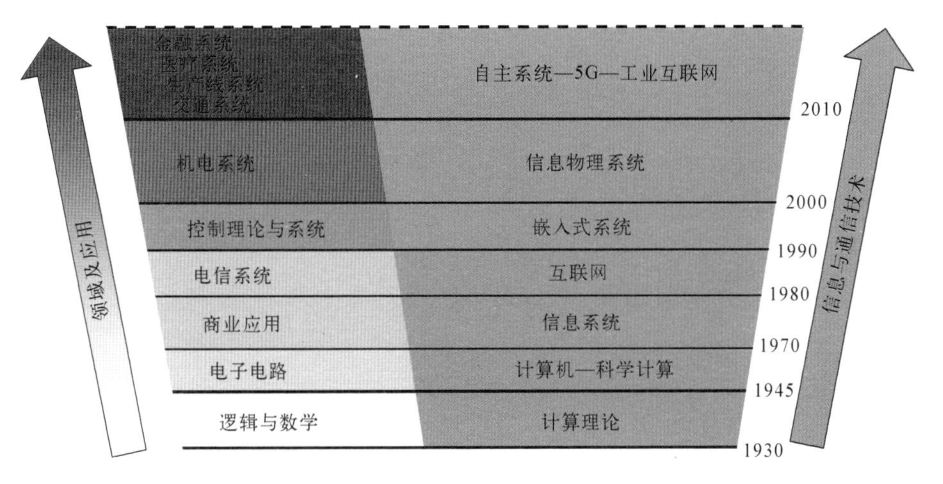

图1.2 计算与信息通信技术的发展历史和趋势

到20世纪90年代，计算技术发展的一个重要趋势是嵌入式系统的发展和嵌入式设备的广泛应用，这主要得益于控制技术和感知技术的发展。嵌入式系统是以应用为中心，能够根据用户需求(功能、可靠性、成本和环境等)对软硬件模块进行灵活裁剪配置的专用计算机系统。嵌入式系统的应用十分广泛，涉及工业生产、日常生活、工业控制、航空航天等多个领域。如今，几乎有95%以上的工业控制设备是通过嵌入式系统来提供自动化服务的。

随着嵌入式系统的广泛应用和物联网(Internet of Things，IoT)的兴起，嵌入式信息处理单元与外界物理环境之间的交互更加紧密。这种信息域组件与物理域组件紧密集成的需求促使了一个新的交叉领域——信息物理系统或信息物理融合系统（Cyber-Physical System，CPS）[1]的发展。信息物理系统，顾名思义，就是将物理空间和信息空间融合在一起的系统。传统嵌入式系统通过传感器感知物理世界，并通过执行器改变物理世界，而信息物理系统将物理世界的观测量映射到信息空间，并通过数据和计算分析进一步优化对物理世界的改变。典型的信息物理系统有核电控制系统、列车控制系统等。信息物理系统不仅集成了各类信息处理和计算组件，还包括受控设备及其物理环境。不同特质的组件涉及连续的物理量与离散的数字信息之间的交互，这些组件的有效集成仍然面临着诸多极具挑战的技术难题[2]。

当前，以深度学习和大语言模型为代表的人工智能（Artificial Intelligence，AI）技术的发展和应用，使得信息物理系统的发展向前迈出了重要的一步，这主要体现在从自动化系统（automated system）向自主系统（autonomous system）的转变上。通俗地讲，自主系统能够在没有人工干预的情况下，自适应地组合和调度现有的计算资源来执行复杂任务。自主系统能够在提升生产效率的同时，减少或取代人工干预[3]。然而，这并不意味着自主系统不需要人工干预。对于自主系统而言，人工干预主要调节控制目标，而这些目标的实现过程则完全由自主系统来完成。例如，对于自动驾驶系统，我们只需提供目的地，而到达目的地的过程则是由自动驾驶系统自主完成的；对于智能无人工厂，我们只需输入生产指数，产品的装配则是由工业机器人来完成的。

这里，我们还必须解释自动化系统与自主系统(见图1.3)之间的区别。为此，我们按照设计难度由小到大的顺序，介绍五种不同的系统：恒温器(thermostat)、无人驾驶列车(automated shuttle)、对弈机器人(chess robot)、足球机器人(footballplaying robot)和自动驾驶汽车(autonomous car)。这些系统的共同特点是，它们都使用嵌入式计算机系统来感知和控制环境的变化，从而达到某些特定的目标。具体来说，嵌入式计算机系统通过传感器感知有关环境的状态信息，并计算相应的控制指令，然后将这些指令发送给执行器，后者采用适当动作以实现控制目标。

图1.3 自动化系统与自主系统

恒温器的目标是通过感知环境的温度，以及控制加热器的运行，将房间的温度保持在设定的范围内。当用户设定最低温度和最高温度后，控制系统将在温度达到最低值时打开加热器，在温度达到最高值时关闭加热器，从而将房间的温度保持在最低值和最高值之间。

无人驾驶列车具有比恒温器更加复杂的控制系统。直观上，其控制系统是一个以特定加速度等物理量为参数，执行一系列预定的停车和启动指令的程序。在程序执行过程中，控制系统还将接收相关的传感器信号，以确定列车在路径中的位置。在原理上，设计这样一个控制系统并不存在任何特别的技术难题。在工程实现上，需要考虑的是，如何进行加减速控制，才能在确保乘客安全的同时，也使列车具有较好的舒适性。

对弈机器人的控制过程具有更高的计算复杂度。尽管机器人所面临的环境是静态的，环境状态由棋子在棋盘上的位置决定，但是棋盘上的状态组合数量巨大。同时，给定一个游戏目标，每个状态所对应的机器人移动动作的次数也十分庞大，并且机器人的动作不能静态地确定，而需要动态地计算。对于每个状态，机器人需要使用预先获取的知识来计算移动动作序列，即博弈战术。为达到最佳的博弈结果，这种战术还需要考虑对手在每个环节的动作。

足球机器人面临着一个由多个球员的位置和速度等物理量所决定的更加复杂的环境。与上述对弈机器人的一个主要区别在于，这种环境是非静态的，其状态一直处于动态变化过程中。因此，足球机器人必须实时监测环境的变化，以便及时做出正确的反应。这意味着足球机器人必须准确及时地分析感知单元的数据(如摄像头采集的图像)，尽可能真实地重构环境(球场)的状态。此外，机器人控制系统需要根据其在球场上的角色和位置，动态计算控制目标。例如，有些目标涉及防御行为，而另外一些目标则涉及进攻行为。

自动驾驶汽车是以上所有案例中最复杂的一类系统。首先，自动驾驶汽车面临的外部物理环境是动态变化且高度不确定的，环境的场景也不仅限于静态的球场或棋盘，环境的布局取决于车辆所在的地理位置以及可用的交通基础设施。环境中车辆的数量和障碍物的位置也在不断变化。其次，自动驾驶汽车自身是一个极其复杂的控制系统。简单地说，自动驾驶系统使用嵌入式域控制器对多个目标进行管理，当控制器选择一组目标时，将计算形成一个完整的控制策略来实现这些目标。这些目标既包括在保证安全的前提下完成期望的驾驶任务(如换道、超车等)，也包括在车辆运行过程中提高乘客的舒适度等。

通过上述案例的比较，我们可以发现自动化系统和自主系统之间存在显著的差异。恒温器和无人驾驶列车是相对简单的自动化系统，一方面是因为它们的运行环境具有明确的定义；另一方面，这类系统依据固定的任务目标来计算控制指令，并提供预定义的服务。而其他三个系统具有自主的特点，因为它们在某种程度上展示出与人类相当的智力水平，具备计算和管理多个目标知识的能力：一方面，系统能够自主地感知外部环境的变化；另一方面，系统能够自适应地管理多个目标，并规划执行相应的行动以实现这些目标。

可以预见，在未来的人工智能时代，信息物理系统会得到进一步的发展和应用，例如，信息物理系统的有关技术将广泛应用于自动驾驶等智能自主系统的建模、仿真模拟及其测试验证等过程。信息物理系统和人工智能技术的融合，不仅使得自主系统的出现成为可能，也将是缩小弱人工智能和通用人工智能之间差距的重要途径。自主系统也是物联网和信息物理系统技术发展的重要目标，如果这一目标得以实现，那么这将成为机器智能的一个更加令人信服的证据：机器智能不仅能用于游戏，还会给人类社会生产和生活带来更加重要和广泛的应用。

1.3 传统的系统设计方法

传统的系统设计方法只是给出了系统设计过程中应当遵循的一般性原则，并没有提供一套严密的科学理论指导和自动化工具支持。一个典型代表是基于“V-模型”的系统设计方法(简称“V-模型”方法)，如图 1.4 所示。作为“瀑布模型”的扩展，“V-模型”方法将系统开发的全生命周期过程视为一系列从需求分析、概要设计、架构设计、模块设计到代码实现、集成测试、验收测试等阶段的活动[4]。“V-模型”是上述系统开发过程的图形化表示。这种设计方法已经广泛应用于中小规模安全关键系统的开发中，并且写入了相关行业的标准规范，例如，道路车辆功能安全国际标准ISO26262等。

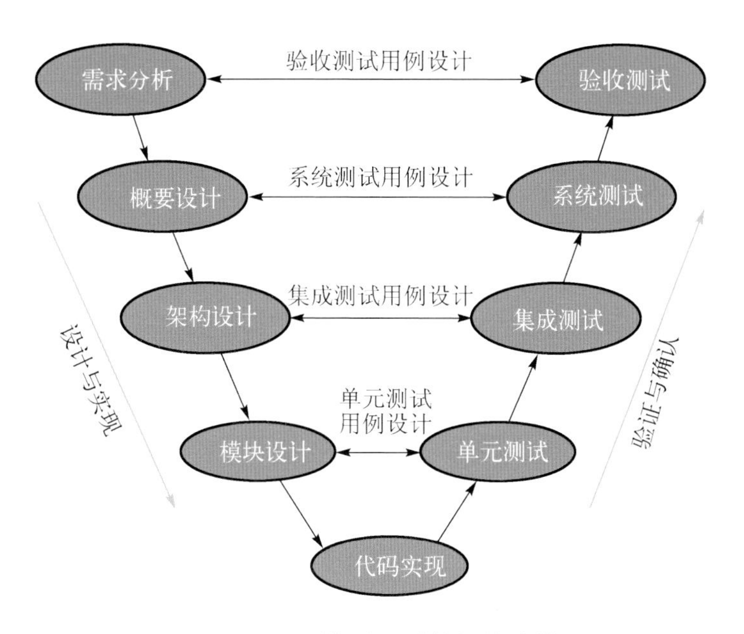

图 1.4 “V-模型”系统设计方法

1.3.1 “V-模型”方法的设计流程

直观上，“V-模型”方法主要由以下两个相互补充的设计流程组成。

一个是自上而下的设计与实现流程(图 1.4 中“V-模型”的左半部分)，该流程从需求分析开始，经过概要设计和架构设计，将系统功能需求分解为多个组件或子模块。该流程也包括组件的模块设计及其代码实现。

另一个是自下而上的验证与确认流程(图1.4中“V-模型”的右半部分),包括组件的单元测试、集成测试、系统测试和验收测试一系列活动。总的来说,“V-模型”方法提出的系统设计流程及其存在的局限性主要体现在以下三个方面。

1. 需求分析

需求描述了待设计系统的整体行为和功能,通常是用自然语言表述的。然而,这些需求描述可能存在歧义、不一致或不完整。需求分析的目的是消除歧义,确保需求描述没有矛盾,不遗漏关键系统属性。对于实际的复杂系统而言,有效地使用严格的需求规范描述语言是极其困难的。需求规范必须满足以下两个基本属性。

(1)可靠性(soundness):给定一个需求规范,至少存在一个系统能够满足这个需求规范。换句话说,可靠性意味着需求规范不存在自相矛盾。由于逻辑规范可满足判定算法的内在复杂性,即使对于可判定的需求规范语言,可靠性检查也可能存在困难。

(2)完备性(completeness):需求规范需要尽可能完整地描述系统的所有可能行为。声明性语言的完整性属性尚不存在技术标准——用声明性语言描述需求规范可能是一个没有尽头的过程。

对于安全关键系统,我们通常采用时序逻辑对需求进行形式化描述，但我们仍缺乏准确的语言来描述信息安全需求(如拒绝服务工具)和服务质量需求。

2. 系统建模

“V-模型”方法假设系统的设计流程是基于模型的。这就意味着系统设计者需要使用模型来描述系统行为，并且通过验证技术来确保系统模型满足其需求规范。模型在某个抽象级别上刻画系统的行为。模型应当是可信赖的，即模型所满足的任何属性也应当适用于实际系统。理想情况下，模型应该根据系统的形式化描述自动生成。目前，对于硬件系统，我们掌握了可信赖模型的自动化生成方法。对于软件系统，我们可以生成用于验证系统功能需求的模型，前提是需求是采用具有明确语义的语言所描述的。然而，对于额外的非功能需求，例如，满足最低时限和服务质量(Quality of Service，QoS)需求，我们还需要考虑硬件运行平台特性。即使对于非常简单的系统(如无线传感器网络的计算节点)，系统模型的自动化生成仍然是一项难题，我们不仅需要理解应用软件是否满足系统的功能需求，也需要理解应用软件与底层硬件平台之间的复杂交互。

3. 验证和确认

验证的目的是对系统模型所描述的所有可能行为进行全面的遍历，以判断其是否满足给定的属性。验证能够发现系统模型存在的设计缺陷或错误(通常，这种缺陷或错误意味着实际系统可能存在安全风险)，验证也能够证明系统模型的正确性(相对于给定的属性或需求)。其中，单一验证(monolithic verification)技术将系统模型作为一个单一整体进行验证。考虑到模型验证的计算复杂度，单一验证技术通常适用于中小型规模的系统模型和特定属性的检测，在特定条件下该技术也能够用于大规模系统模型的自动化验证，但依旧无法解决状态空间爆炸(state space explosion)问题。针对该问题的一个可行的技术方案是组合验证(compositional verification)。然而，对于基于组件的系统模型，组合验证的尝试，如“假设-保证”(assume-guarantee)技术，同样面临着诸多挑战。其中，最主要的挑战是如何将系统层面的全局需求分解为一组关于组件的局部需求，并且使得：①每个局部需求都被系统的一个组件所满足；②所有局部需求的逻辑析取蕴含着全局需求。目前，这些问题尚未取得重大突破[5]。

确认(validation)通常是通过对一个实际的系统或一个基于模拟仿真的系统模型进行测试来完成的，主要包括根据测试用例来检查系统的行为是否正常，并判断系统的输出响应是否符合需求规范。测试技术往往不追求对系统行为的全面的遍历，因此并不受到状态空间爆炸问题的困扰，但同时也无法严格证明系统满足给定的需求规范。测试技术通常是在一定的测试覆盖率标准下，计算得到系统满足给定需求规范的置信度。

虽然形式化验证和确认能够检测系统设计相对于需求规范的错误，但其应用范围仅限于那些能够被有效地形式化描述的系统需求规范。目前，这些需求主要包括应用软件功能需求以及部分效率需求（efficiency requirements），如抽象系统模型上的调度策略和资源管理策略等。实际上，对于效率需求而言，一个更加有效的方法是强制（enforcing）而不是检测，也就是说，不是检测给定的资源参数是否满足效率需求，而是尝试确定调度策略的资源参数，以确保效率需求得到满足。后者通常可以通过合成技术[6]或自适应控制（adaptive control）技术[7]来实现。然而，合成技术在计算复杂度上并不比模型验证技术低。自适应控制技术主要通过实时监控系统的运行过程或状态变化进行参数值的调整，相较于合成和验证技术，其复杂度要低得多。

1.3.2 “V-模型”方法的假设条件

需要注意的是，“V-模型”方法建立在以下假设条件之上。

（1）该方法假设在开展系统设计时所有的系统需求都是已知的，并且这些需求可以被清晰地表述、交流和理解。

（2）该方法假设系统设计是一个从需求开始的自上而下的过程。然而，事实上大部分系统都不是从零或者草图构思开始设计的，而是通过增量式迭代修改现有系统以及复用已有组件的方式进行构建的。

（3）该方法认为全局系统需求可以分解为系统组件的局部需

求。此外，该方法还隐含地假设了一个可组合性原则(compositionality principle)：若能够证明系统组件相对于局部需求是正确的，那么全局系统的正确性可以从所有系统组件的正确性证明中推断得出。然而，目前我们仍然没有有效的组合验证或证明技术。

(4)该方法主要依赖于“验证即正确”或“测试即正确”这种“后验式”的正确性验证和确认技术。对于自动驾驶等大规模复杂系统而言，现有的“后验式”验证和确认技术面临着状态空间爆炸等问题。

这些假设条件一方面刻画了“V-模型”方法的特点，另一方面也限制了其适用范围。在实际应用中，“V-模型”方法由于存在上述假设条件所带来的局限性而受到质疑。

近年来，在软件工程领域，敏捷开发方法(agile development methodology)[8]作为一种替代的设计方法被提出。与“V-模型”方法更注重系统设计过程的连贯性和一致性不同，该方法更强调解决方案的增量开发和团队协作，它认为软件设计和软件编码是相辅相成的，并提倡软件设计模型应当在系统开发过程中得到分享和改进。这种方法的主要价值在于它所倡导的敏捷开发理念，以及对“V-模型”方法的审视和改进，然而，它并不是一种科学的、严密的系统开发方法。

1.4 本书组织结构

本书主要探讨了面向计算系统的严密系统设计方法及其发展趋势和面临的挑战。一般而言，系统设计可以理解为一个从抽象的系统需求到具体的代码实现的转换过程，如何确保系统设计的正确性(相对于系统需求)是计算系统设计的一个重要课题。本书介绍了计算系统设计所面临的主要问题和挑战，特别是在物联网和人工智能等技术快速发展和深度融合的背景下，计算系统设计面临的各种各样的不确定性挑战和复杂性挑战。本书提出了一种严密系统设计方法，阐述了该方法的基本思想和原则，介绍了一种严密系统设计框架。本书共七章，每章讨论一个相对独立的主题，章末给出与本章内容相关的参考文献。

第1章介绍了系统设计的基本概念和内涵，讨论了计算系统的演变过程，阐述AI技术的出现和广泛使用加快了系统演变的进程，使得从自动化系统到自主系统的转变成为可能。最后，回顾了传统的“V-模型”系统设计方法。

第2章讨论了系统设计正确性和复杂性的相关问题，阐述了系统可信性和关键等级的概念内涵，分析了系统设计过程中面临的复杂性挑战，并讨论了克服不同类型复杂性挑战的方法。

第3章阐述了严密系统设计方法的基本思想及原则。严密系统设计方法提倡一种模型驱动的、可迭代的系统设计流程，通过关注点分离、基于组件的设计、语义连贯以及“构造即正确”的设计等原则，确保系统设计流程的严密性以及系统的正确性，解决系统设计过程所面临的复杂性挑战，并克服传统系统设计方法在系统正确性验证方面存在的局限性。

第 4 章介绍了一种系统设计框架 BIP。BIP 框架是严密系统设计方法的具体实现，本章介绍了用于系统建模的 BIP 语言的语法、语义，以及 BIP 工具链，并通过一个相关的自主机器人应用案例阐述了 BIP 系统设计框架的有效性。

第 5 章讨论了系统设计的最新发展趋势，提出了一个用于集成模型驱动方法和 AI 方法的自主系统架构，讨论了基于测试的自主系统正确性经验验证方法。特别地，由于系统的复杂性和异质性不断提升，传统的形式化建模与验证技术面临着巨大的复杂性挑战，使得系统正确性验证手段开始从形式化验证向经验验证转变。最后，本章讨论了知识应用作为一种克服系统设计复杂性的手段，提出了由人类或机器生成的不同类型知识的分类，讨论了知识的准确性、有效性和通用性。

第 6 章讨论了自主系统的智能测试问题，即如何判定一个自主系统是否具有智能。本章提出了一种新的智能测试方法，称为替换测试。该方法为自主系统的智能水平定义了一套严格的判定标准，并通过系统在完成不同类型任务等方面的行为，判定系统的智能水平。最后，本章讨论了替换测试方法与其他智能测试方法的关系，以及在不同类型自主系统中的适用性方面的差异。

第7章总结了在AI技术不断发展和广泛应用的趋势下，传统的基于模型的系统设计方法在自主系统设计过程中仍面临的诸多挑战，讨论了系统设计方法向模型驱动和数据驱动融合的混合设计方法转变，以及系统可信性验证从严格的形式化验证向基于仿真测试的经验验证转变的发展趋势。最后，本章讨论了自主系统设计在社会维度面临的挑战，并从系统工程的视角，展望了自主系统的未来发展愿景。

参考文献

[1] Lee E, Seshia S. Introduction to embedded systems: a cyber-physical systems approach. MIT Press, 2016.

[2] Bliudze S, Furic S, Sifakis J, et al. Rigorous design of cyber-physical systems—linking physicality and computation. Software & Systems Modeling, 2017.

[3] Sifakis J. Understanding and changing the world—from information to knowledge and intelligence. Springer, 2022.

[4] Oshana R, Kraeling M. Software engineering for embedded systems: methods, practical techniques, and applications. Newnes, USA, 2013.

[5] Cobleigh J, Avrunin G, Clarke L. Breaking up is hard to do: an evaluation of automated assume-guarantee reasoning. ACM Transactions on Software Engineering and Methodology, 2008, 17(2).

[6] Kuncak V, Mayer M, Piskac R, et al. Software synthesis procedures. Communication of ACM, 2012, 55(2): 103-111.

[7] Derler P, Lee E, Sangiovanni-Vincentelli A. Modeling cyber-physical systems. Proceedings of the IEEE, 2012, 100(1): 13-28.

[8] Alsaqqa S, Sawalha S, Abdel-Nabi H. Agile software development: methodologies and trends. International Journal of Interactive Mobile Technologies, 2020.

第 2 章

系统设计的正确性和复杂性

2.1 正确性内涵

如前所述，计算系统已经逐步成为现代信息社会基础设施的重要组成部分，例如，列车、核电以及汽车等计算系统为我们的日常生活和社会生产活动提供各类服务。与此同时，这些系统大都应用在安全关键领域。因此，在进行系统设计时，我们有必要确保这些系统是正确且值得信任的，特别地，当系统出现故障或遭受攻击时，我们需要保证这些故障或攻击所带来的后果不会对人类造成伤害或对财产造成损失。

正确性意味着系统设计过程及其结果符合预期的需求。确保正确性的常用方法主要有形式化验证技术和测试技术。前者以系统需求为依据，通过严格的形式化验证算法，判断系统的设计模型是否符合给定的需求；而测试技术则在特定的输入条件下，对实际系统的行为进行分析，判断给定的需求是否得到满足。通常，测试技术只能对系统的部分行为进行检测，无法实现系统行为的完整性遍历。理论上，完备的系统行为遍历只能通过形式化验证才能实现。

当然，“我们是否构建了正确的系统”与“我们是否构建了与预期需求一致的系统”这两个问题是相对的。如果我们能够正确、可靠且完备地进行需求的形式化描述，并且我们能够构建一个准确刻画系统行为及其与环境交互的系统模型，那么构建与需求一致的系统也就意味着构建了正确的系统。

2.1.1 可信性

学术界通常使用术语“可信性(trustworthiness)”来刻画系统的正确性。可信性描述了在特定情况下系统的行为能够被信任的程度。“可信”意味着，尽管在运行过程中会出现各种非预期事件，系统仍然具备按照预期方式运行的能力；与之相反，“不可信”意味着系统无法按照预期的方式运行，或无法提供预期的功能。影响系统可信性的典型非预期事件主要包括：(a)硬件平台的故障或失效；(b)软件设计和实现错误；(c)与外部环境的不确定性交互，如环境干扰和不可预测的突发事件等；(d)与潜在攻击者的恶意交互，如入侵行为和威胁等。图2.1所示为其部分示例。其中，只有软件设计和实现错误是软件层面的事件，其他均在系统层面，发生在系统与外界环境或人的交互过程中。

对于计算系统而言，可信性是一个综合的概念，通常可以通过一组系统属性来定义，表示用户对系统按照预期运行的信心程度[1]。在部分文献里[1-2]，可信性和可信赖性(dependability)这两个术语可以互换使用。可信赖性通常被定义为“提供合理的可信任的服务的能力”，其目标是提供合理的可信任的服务，并避免用户无法接受的服务中断。具体来说，可信性既包括功能安全属性，也包括其他定性或定量描述系统正确性的信息安全属性和效率属性等。

(a) 硬件失效　(b) 设计错误

(c) 环境干扰　(d) 入侵行为

图 2.1　影响系统可信性的典型非预期事件

(1) 功能安全属性(functional safety property)：表示系统运行过程中不会发生导致灾难性后果的事件。这个属性刻画了系统能够正确运行，并能够应对自身故障或外界环境干扰等非预期行为的韧性。这些行为往往是非人为主观因素造成的。例如，车辆的防抱死制动系统(Antilock Brake System，ABS)用于防止车轮在制动时抱死，其典型的功能安全属性是，当一个车轮的旋转速度明显慢于其他车轮时，该车轮制动器的液压压力必须在几分之一秒内降低。从系统状态空间的角度来看，所有违背系统功能属性的状态都可以定义为不安全状态，那么满足功能安全属性意味着系统在运行过程中不会进入这些不安全状态。

(2) 信息安全属性 (information security property)：刻画了系统能够应对外界攻击或威胁等恶意行为的韧性。这些行为往往是人为因素造成的，通常是针对数据机密性、完整性、可用性以及不可否认性等属性的攻击行为。机密性表示系统服务和信息不会暴露或泄露给未经授权的用户；完整性表示系统状态和信息不会被恶意更改；可用性是指授权用户能够及时访问并按要求使用系统服务，简单地说就是，保证系统服务在需要时能为授权者所用，防止由主客观因素造成的系统拒绝服务；不可否认性是指系统用户不能否认或抵赖其完成的操作和承诺，简单地说就是，服务请求方不能否认发送过请求，服务提供方不能否认提供过服务。例如，在银行系统中，机密性意味着只有客户或其授权人员才能进行交易并查看与该客户相关的信息；完整性意味着当客户存入 500 元时，他的账户应该增加 500 元，而不是更少或更多；可用性意味着银行系统能够给用户提供正常的业务服务，防止拒绝服务攻击；不可否认性意味着系统或用户对个人账户的任何操作都不能被否认。由于攻击者恶意行为的不可预测性，这类信息安全属性通常难以进行形式化描述和分析。

(3) 效率属性 (efficiency property)：刻画了系统持续提供可靠、可用服务的能力，通常包括服务的性能和可用性。性能表示系统在满足用户需求方面的能力，通常表现在吞吐量、抖动和延迟等方面，例如，系统处理一个请求需要多长时间？一段时间内可以执行多少个请求？可用性则根据系统的处理器效率以及能耗等方面的指标，衡量系统资源的使用效率。效率属性往往可以表述为关于系统资源参数(内存、能耗、时间)的优化条件，以实现系统性能和可用性最优化。

需要注意的是，功能安全属性和信息安全属性都是关于系统状态的属性，即系统不能到达“不安全”的状态。然而，效率属性并不是关于系统状态的属性，它刻画了系统在运行过程中，可观测量之间应当满足的关系。此外，功能安全属性和信息安全属性是密切相关的，它们相互影响，在进行系统设计时需要将二者统筹考虑。例如，在车联网中，针对某一辆汽车的信息安全漏洞的攻击可能导致车辆的制动功能失效或者被禁用，从而带来功能安全问题和碰撞风险。一般情况下，一个系统可能存在多个潜在的信息安全漏洞，这些漏洞被称为系统的攻击面(attack surface)。对于车联网系统而言，车辆集成的WiFi、蜂窝、蓝牙、USB和其他连接点的安全漏洞都提供了进入车辆通信系统的潜在攻击路径。

总体而言，学术界在可信软件和系统设计领域做出了大量研究成果[3]。现有方法一方面采用形式化验证分析可信性属性，但前提是这些属性能够进行有效的形式化描述[4]；另一方面使用测试技术对难以形式化描述的可信性属性进行分析，以提升系统的可信程度[5]。

当前，可信系统设计所面临的一个关键问题在于，如何应对不确定性。系统在提供满足给定需求的服务的过程中，不可避免地会与外界环境进行交互，并且出现与预期存在差异的系统行为，因而呈现出不确定性。简单来说，不确定性主要有以下两个方面的来源。

(1) 外界环境的不确定性：这种不确定性或来源于具有时变特性的输入，如吞吐量的变化；或来源于对外界环境的抽象。这是因为外部环境的内在复杂性，使得环境模型的构建只能在某种抽象层次上进行描述和理解。例如，在考虑对系统所面临的潜在的外部攻击威胁进行建模时，由于我们无法预知攻击者所有可能的行为，需要对攻击者的行为进行抽象，因而带来了不确定性。

(2) 硬件运行平台的不确定性：这种不确定性一方面可能是硬件故障或老化造成的不确定性，另一方面还可能是运行时间的不确定性。这是由于硬件平台往往使用层次化内存结构和预测执行机制，因此，即使简单指令的执行时间也无法精确估计。一般情况下，根据数据的大小和位置，指令执行时间可能在最佳情况执行时间 (Best-Case Execution Time，BCET) 和最坏情况执行时间之间浮动，后者的数量级可能是前者的数十倍。

不确定性直接影响到系统行为的可预测性 (predictability)，后者决定了哪些关键系统属性 (包括定性和定量的属性) 能够被严格证明。一般情况下，系统行为的可预测性很难得到保证，主要原因是，广义的系统属性具有不可计算性，我们无法对所有系统属性进行精确的形式化分析验证，往往只能得到近似值。例如，我们可以通过采用时序分析技术计算最坏情况执行时间的上近似值，但该近似值可能比真实的最坏情况执行时间高很多个数量级，因而带来了分析结果的不确定性。不确定性和由此产生的不可预测性，一方面对我们设计系统的方式有着深刻的影响；另一方面也限制了我们设计复杂关键系统的能力。例如，由于缺少精确的系统最坏情况执行时间，因此无法保证系统的实时响应属性。同样，如果不能准确估算系统的负载特性，就无法保证系统的性能和可用性。

可信系统设计所面临的另一个关键问题在于，如何在确保功能安全属性和信息安全属性得到满足的同时，不牺牲系统的效率属性。这对于单一或单核处理器的系统来说相对容易一些，对于多核或分布式系统而言，得到高效且可信的设计要困难很多。系统设计人员需要借助一套有效的理论和方法，从而在多种等效的可信设计方案中，选择出更适合目标计算平台资源的最优设计方案。

最优的设计通常也是简约的设计（parsimonious design），也就是说，设计方案或参数的选择应该仅依据需求来确定。然而，在实际情况下，设计人员通常会根据种种原因，排除可能的简约设计方案，原因之一可能是方案的灵活性很难或不可能在后续的设计中得到复用[6]。因此，在早期的设计过程中，设计人员往往倾向于使用特定的编程模型或设计原则来提升设计效率，但是这也大大减少了有效的设计空间。例如，熟悉C语言的设计人员会倾向于使用纯C语言开发编码器，这会导致编码器难以在多处理器平台上并行加速。相反，基于数据流语言的编程则提供了一套有效的调度策略，更有助于提升并行性[7]。

简约设计的一个前提条件是，使用适当的编程语言和规范来揭示数据或任务中固有的并行性(parallelism)和不确定性(non-determinism)。在此基础上，通过选择适当的系统设计参数，可以优化系统实现。例如，依据任务的特征，将不同的任务映射到不同的处理器上，以提升任务处理的并行性，并通过使用调度策略来减少不确定性等。系统设计参数的选择通常可以通过设计空间遍历技术(design space exploration technique)来实现[8]。目前，该技术大多是基于经验知识的，主要在系统模型上评估不同系统设计参数对性能、能耗等优化指标的影响。这些系统设计参数决定了系统模型的资源配置，如处理器内核的数量和类型、存储器的大小和组织架构，以及调度和仲裁策略等。

2.1.2　关键等级

根据系统提供的功能和应用场景的不同，系统在出现故障时所带来的后果是不一样的。其中，当系统出现违背功能安全或信息安全属性的故障时，可能对人的生命、环境或其他重要资产等带来灾难性的影响；而其他故障可能只是一种暂时的错误或失效而已，设计人员很容易将其纠正，系统当前的服务可以留待下一阶段，其损失也只是时间和人力问题。根据这些因素我们可以把系统划分为不同的关键等级(criticality levels)。关键等级确定了哪些系统属性是必须满足的，并且刻画了违背这些属性所带来影响的程度，如系统特定功能的失效概率或者指定参数的标称值与观测值之间的差异等。

安全关键系统通常分为功能安全关键系统(functional safety critical system)和信息安全关键系统(information security critical system)，对于这类系统，设计人员需要采用特定的技术来保证系统不出现故障或不遭受攻击。功能安全关键系统包括飞行控制器或核电控制器等，违背安全属性的行为可能来自系统本身，也可能来自系统与外界环境的交互过程。信息安全关键系统(如智能卡)应当具备抵抗外界攻击者的入侵或恶意交互行为的能力。在工业界的实践中，安全关键系统必须根据相关标准规定的流程进行设计开发和认证，如机载系统的DO178B标准、汽车电子系统的ISO26262标准，以及针对IT产品信息安全认证的信息技术安全评估通用标准[9]等。目前，由于现有技术的局限性和高昂的开发成本，安全关键系统的设计技术仅适用于小型规模系统，这阻碍了它们在复杂的物联网系统或自主系统等领域的应用。

除功能安全属性和信息安全属性的关键等级之外，其他类型的关键等级可以通过一组特性来定义，这些特性刻画了系统实现相应目标的能力。

任务关键系统(mission critical system)必须在资源受限的情况下具有完成具体任务目标的能力，例如，航空航天系统或电信系统中的任何故障都会导致一些预期目标失败。

业务关键系统(business critical system)中的任何故障都会导致高财务损失。通常通过评估特定事件对业务带来的影响来确定相应的关键等级，例如，对于银行数据中心系统，通过评估宕机对数据中心系统运营收入的影响来确定关键等级。

"尽力而为"系统(best effort system)对故障或者攻击行为不敏感，并且具有快速恢复的能力。尽管会出现故障或遭受攻击，但其影响有限，不会造成灾难性后果。这类系统主要包括互联网或移动互联网上的应用程序和服务，其发展的重点是，在资源可用的前提下，实现资源的优化利用。

随着系统规模的不断增加以及系统之系统(system of system)的发展，混合关键系统(mixed criticality system)成为一个重要的发展趋势。混合关键系统，顾名思义，既包括安全关键组件，也包括非安全关键组件。通常，这类系统还具有分布式、异构等特点，并且使用不同通信介质。物联网系统是一类典型的混合关键系统。物联网系统旨在通过实现万物互联来提供不同关键等级的服务，例如，用于高效可靠能源分配和管理的智能电网；用于提高交通安全性，并且降低车辆燃料消耗和缩短运输时间的自主运输系统；用于实现生产过程全面自动化的智能无人工厂等。

如何实现具备可信性保证的混合关键系统仍然是一项极具挑战的难题。其中的重要问题在于，如何有效地处理关键组件和非关键组件之间的交互协作，以及如何实现错误控制从而避免非关键组件的故障对关键组件的行为造成影响。我们仍缺乏解决这些问题的理论方法。

出于对成本效益的考虑以及理论上的局限，系统设计人员通常会根据系统的关键等级，在设计正确性和设计效率之间进行折中。提高设计生产力(productivity)与确保设计的正确性往往是相互矛盾的需求。设计生产力反映了设计过程的有效性和高效性。提高设计生产力的方式主要有以下几种：①组件复用；②使用适当的方法和工具实现设计流程的自动化；③提升系统设计人员的专业技能和知识。以上三个方面还应该有效地协同：系统设计人员应当具备复用组件以及使用专业工具的知识背景。否则，如果设计人员没有得到充分的专业培训，那么使用复杂的工具就会适得其反。在系统工程的实践过程中，关键系统和“尽力而为”系统(非关键系统)分别采用两种完全不同的设计范式。

(1)关键系统的设计范式：侧重于确保系统的功能安全属性和信息安全属性得到满足。这类设计方法一般基于对所有潜在危险状况进行的最坏情况分析，对计算和物理资源进行静态分配，以确保系统的关键操作能够得以安全实现。其缺点在于，静态分配的资源量可能比实际需要的资源量高出很多个数量级，从而导致系统过度配置，增加系统的开发成本和能耗。例如，对于安全关键的实时系统，我们必须保证系统的响应时间少于给定的时限，前者通常根据任务的最坏情况执行时间(Worst-Case Execution Time，WCET)近似值来估算，其估算值可能比实际最坏情况执行时间高出许多个数量级。这种情况下，若系统按照近似值进行设计，则需要额外配置大量的资源来完成计算任务，从而导致系统的效率降低。此外，关键系统还采用大量的冗余设计提升系统的可靠性。然而，常见的冗余设计技术，如三模态冗余（Triple Modular Redundancy，TMR），仅适用于硬件组件，这是因为硬件组件的故障概率是相互独立的，采用多个硬件有助于提升系统的可靠性。对于软件组件的冗余设计而言，简单的冗余设计技术并不能提升系统的可靠性，还需要在不同的冗余组件里采用不同模态的软件实现。显然，这必然会增加系统的开发和维护成本。

（2）“尽力而为”系统的设计范式：主要关注的是如何确保非关键系统的效率需求得到满足。这种方法一般基于平均情况分析和动态资源管理等技术，对系统的运行速度、内存消耗、带宽和功率等方面的性能指标进行优化。系统的物理资源分配主要用于确保常规情况下服务的可用性。当出现关键情况时，如服务需求激增，系统可能会将服务降级甚至拒绝服务。

将关键系统与非关键系统的设计区别对待，有助于我们有针对性地关注每一类系统的核心技术需求。尽管如此，这种区分仍可能带来一些障碍，汽车制造商在过去十多年中遇到的严重技术问题证明了这一点。现代汽车使用了超过50个电子控制单元（Electronic Control Units，ECU），以提供各种关键等级的服务。这些ECU基于联合架构（federated architecture）进行协作，并使用控制局域网络（Controller Area Network，CAN）或时间触发网络等共享和交换信息。尽管这种架构能够实现关键功能和非关键功能之间的物理隔离，但是其缺点也很明显，较低的互联可靠性对全局系统的整体可靠性仍有负面的影响。

部分研究人员提出了集成架构(integrated architecture)概念，将不同供应商开发的功能集成到单个ECU中，从而减少ECU数量和互连，使用单个集成硬件单元执行来自不同子系统的计算任务[10]。这一趋势也解释了业界致力于研发集成架构的决心，如航空航天领域的集成模块化航空电子系统(Integrated Modular Avionics，IMA)[11]，以及汽车电子领域的AUTOSAR[12](Automotive Open System Architecture)等。如何在系统设计中找到正确且高效的集成方案，实现功能安全性、信息安全性和有效性的一体化设计，仍将是未来学术界和工业界共同关注的研究重点。

2.2 复杂性挑战

在本节中，我们讨论系统设计过程的复杂性挑战，主要包括两个方面的复杂性：第一个是以问题求解为目标的设计过程固有的复杂性挑战，即设计复杂性；第二个是基于组件的系统构建过程中系统模型存在的复杂性挑战，即模型复杂性。

2.2.1　设计复杂性

如前所述，系统设计从功能需求分析开始，通过系统建模和应用软件开发来实现系统的各项功能，随后对系统组件以及整个系统进行评估和验证，以检测系统是否满足预期需求。这一过程所呈现的复杂性反映了系统设计活动固有的困难。

在系统设计初期，设计人员面临的一个主要困难是缺乏检查需求规范是否完备的方法。这里，完备性意味着在需求分析过程中，待设计系统的各个关键行为或者事件都不会被忽略。然而，在早期阶段，许多系统行为是未知的，设计人员无法准确地描述未知的行为，这通常被称为“未知的未知(unknown unknowns)”。这种类型的“本体复杂性(ontological complexity)”是关键事件或条件遗漏的根本原因。因此，在早期的设计验证过程中，设计人员无法完备地检测到未知的关键行为，也无法预测这些行为何时会发生。当这些行为发生时，也就无法确认它们出现的具体原因。如果在后期的系统集成过程中发现了这些错误行为，或者更糟糕，在系统运行过程中出现了非预期或错误的行为，那么修复这些错误行为则需要更高的成本和代价。

除需求的完备性之外，在需求的描述过程中应当将需求分解为一组属性，如功能安全属性、信息安全属性以及性能属性等，这些属性能够在系统设计模型上进行可满足性检查。语言复杂性(linguistic complexity)的特点是难以用准确无歧义的语言刻画用户的需求，尤其是在处理人机交互(Human Machine Interface，

HMI)或者信息安全相关的属性时，这种困难更加突出，严格的形式语言很难描述诸如舒适性或防止恶意行为攻击等概念。

最常见的复杂性类型为不确定性的复杂性，不确定性的根源在于系统运行平台及其外部物理环境所固有的不可预测性。不确定性所带来的复杂性是构建自主系统的主要障碍，这有许多种原因，例如，系统环境可能是模糊不定的，也可能是随着随机事件(如组件故障)或罕见事件(如恶意攻击)而动态变化的。

认知复杂性(epistemic complexity)刻画了对系统行为及其环境的建模和理解所固有的困难。建模语言的表达能力是否足以真实地解释所有潜在的系统行为？答案往往是否定的。如何真实地对复杂系统进行建模？事实上，对计算系统严密准确地建模是一个具有挑战的问题，当前尚不存在一个系统化的解决方案。如果无法理解所有可能的系统行为及其细节，我们就无法构建真实的系统模型。从另一方面来说，这也意味着构建近似的抽象系统模型是至关重要的。

图 2.2 给出了系统设计全流程活动中各种类型的复杂性问题。在这些活动中，设计人员往往需要使用各种软件工具，特别是受限于计算复杂性(computational complexity)的形式化验证和分析工具，进行辅助设计。我们知道，理论上，对于无穷状态系统，大多数非平凡的验证问题都是不可判定的，无法用一般化的算法来求解；而对于有限状态系统，尽管存在一般化的求解算法，但其计算复杂性与系统的状态空间规模息息相关，且随着系统状态空间的增加而呈指数级上升。

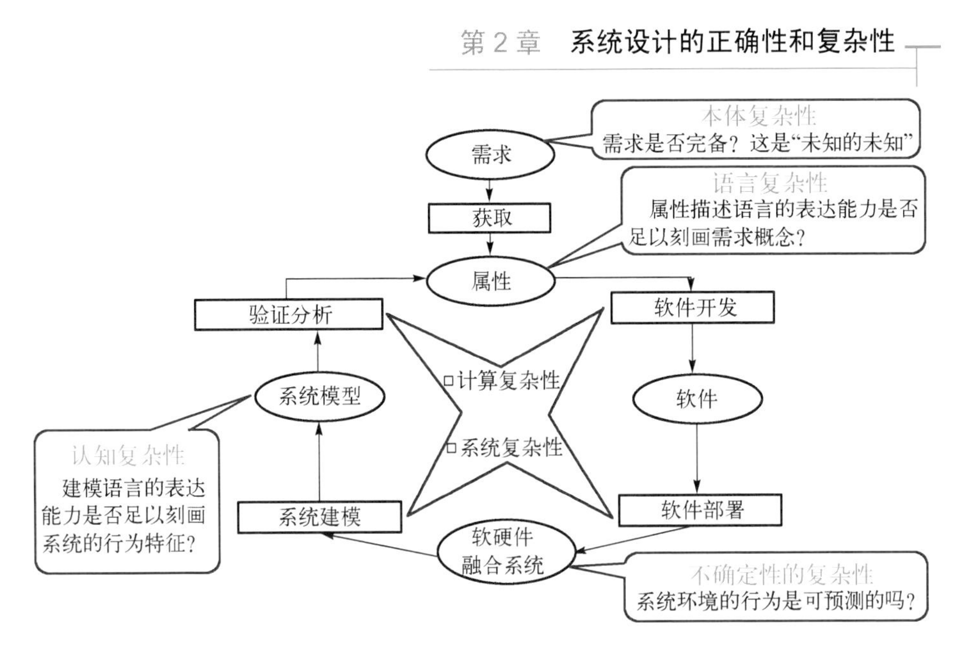

图 2.2　系统设计全流程活动中的复杂性问题

2.2.2　模型复杂性

基于组件的系统设计方法通常按照特定的体系架构进行组件的集成和适配，从而构建系统模型。在这种设计方法下，模型复杂性可以通过以下两个方面进行刻画，即组件交互的复杂性以及体系架构的复杂性。下面，我们分别讨论不同级别的交互复杂性(reactive complexity)和体系架构复杂性(architecture complexity)。

1．交互复杂性

假设组件的行为可以通过输入/输出函数来刻画，那么该组件对整体系统复杂性的影响取决于该组件与其他系统组件之间的交互复杂性[13]。图 2.3 给出了不同交互复杂性的组件分类。

(1) 转换组件(transformational component)：这是最简单的组件类型，对每个输入值，其输入/输出函数都能计算出一个相应的输出值。典型的转换组件有图像分类软件和算术运行软件等。

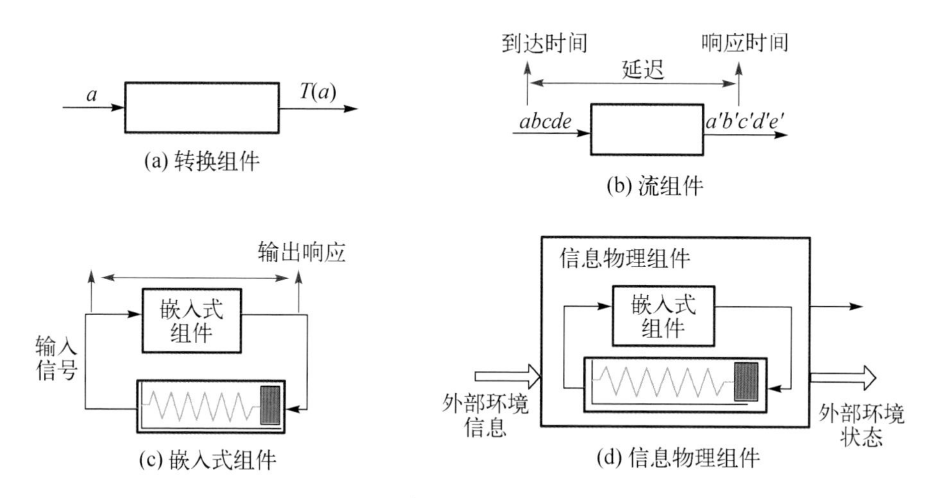

图 2.3 不同交互复杂性的组件分类

(2) 流组件(streamer component)：这是另外一种类型的组件。与上述转换组件不同的是，流组件在某些计算步骤中产生的输出值，不仅取决于当前输入值，还取决于历史输入值。流组件在诸如音视频编码/解码器、信号处理模块和自然语言翻译软件等多媒体应用中较为常见。

(3) 嵌入式组件(embedded component)：这是一种更复杂的组件类型，可以视为与外界环境持续交互的流组件，通过实时监控环境状态的变化，计算相应的输出，控制环境状态的演变过程，以确保系统满足给定的属性。典型嵌入式组件包括各类自动化系统，如飞行控制器以及辅助驾驶系统等。

(4)信息物理组件(cyber-physical component)：顾名思义，这是信息物理系统的组成单元，主要用于实现嵌入式控制系统与其物理运行环境的紧密集成。典型的信息物理组件包括自动驾驶汽车的感知、决策和执行等功能模块。这些组件既包括具有离散计算特性的组件，也包括对连续物理过程建模的组件。如何组织异质信息物理组件之间的复杂交互，实现正确且高效的组件集成，仍然是一个极具挑战的难题[14]。

2. 体系架构复杂性

体系架构是一种组织和描述组件之间交互协作的机制。在系统设计中，体系架构可以在系统层面约束组件的行为，确保给定的全局属性得到满足。如图2.4所示，根据对系统复杂性的影响，体系架构可以分类如下[15]。

(1)静态架构(static architecture)：这是最简单的体系架构类型，它仅涉及有限多个组件及其交互规则，如硬件架构、数据流架构等。

(2)参数化架构(parametric architecture)：这是一种以组件数量为参数的组织协作模式，即架构含有任意多个组件。通常，这种架构主要应用在分布式协议中，如令牌环(token ring)或缓存协议等。

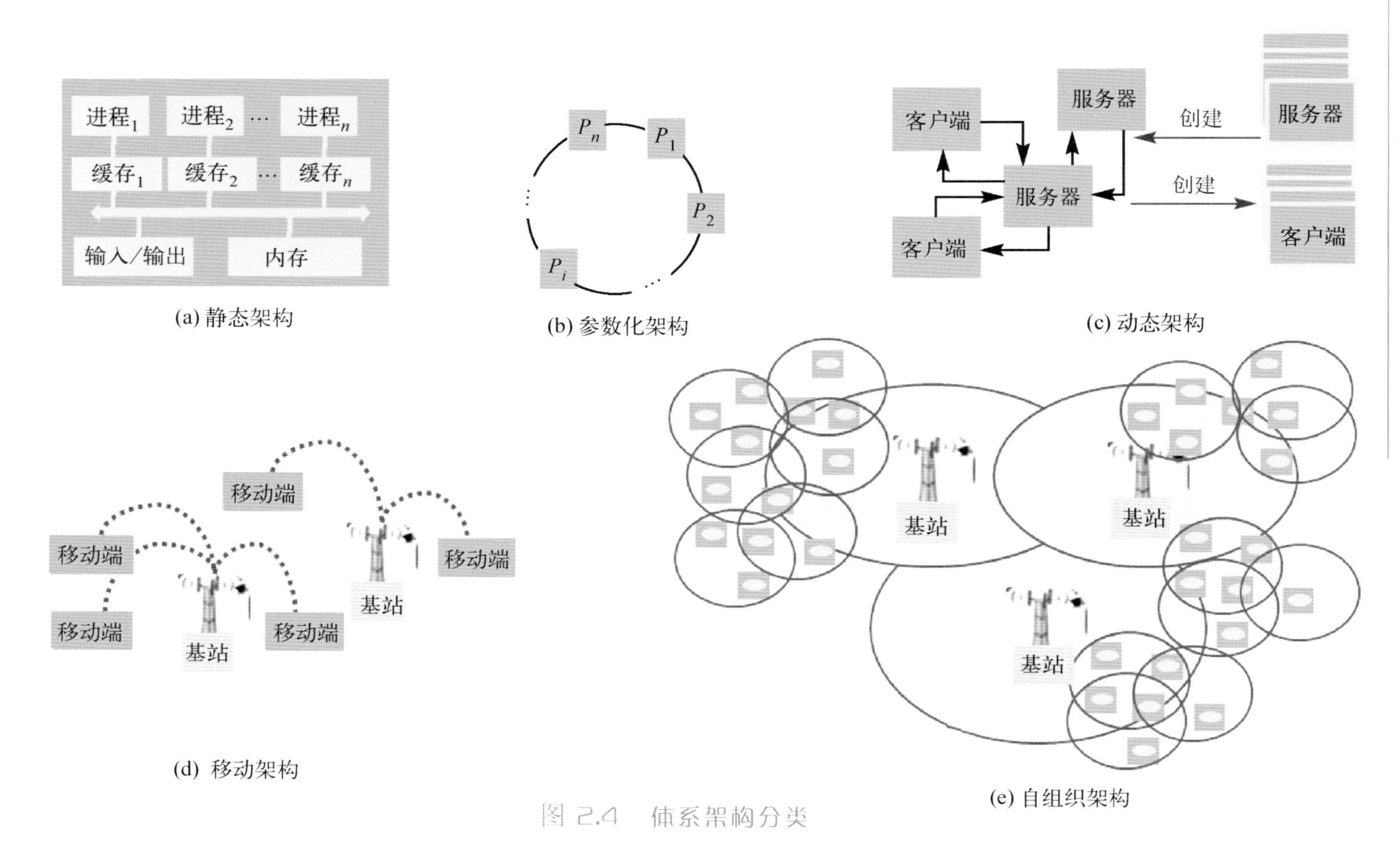

进程$_1$
进程$_2$
进程$_n$
缓存$_1$
缓存$_2$
缓存$_n$
输入/输出
内存
(a) 静态架构
P_n
P_1
P_2
P_i
(b) 参数化架构
客户端
服务器
创建
客户端
服务器
(c) 动态架构
移动端
基站
(d) 移动架构
基站
(e) 自组织架构

图 2.4 体系架构分类

(3)动态架构(dynamic architecture)：这是一种特殊的参数化架构。在这种架构中，组件个数是任意多个，并且可以在系统运行过程中动态变化。例如，在客户-服务器架构中，伴随着客户的接入或退出，相应组件也可以在系统运行时动态增加或减少。

(4)移动架构(mobile architecture)：这是一种含有可移动组件的动态架构。由于可移动组件的存在，这些架构的结构关系以及组件之间的交互协作规则也将随着时间和空间的变化而动态变化。这类架构主要应用于移动通信系统和网络，如蜂窝网络等。

(5)自组织架构(self-organizing architecture)：这种架构建立在移动架构基础上，除了具有时间和空间关系的动态变化特性，架构中组件的行为也会随着其位置的变化而变化。这些架构允许通过多种组织模式之间的动态切换来进行系统配置更新，并且每种模式都有自身的交互协作规则，对于复杂的自主系统建模至关重要，如集群机器人和自主车联网等。

基于上述对复杂性不同来源的理解，我们能够提出更好的系统设计方法，以应对系统设计过程中的各种复杂性问题。在后续第3章，我们将提出一种严密系统设计方法，该方法的基本原则建立在形式化理论基础之上，能够在一定程度上解决系统设计各个阶段所面临的复杂性问题。

参 考 文 献

[1] Avizienis A, Laprie J C, Randell B, et al. Basic concepts and taxonomy of dependable and secure computing: IEEE Transactions on Dependable and Secure Computing, 2004.

[2] Sommerville I. Software engineering. Pearson, 2015.

[3] SOFTWARE 2015: A national software strategy to ensure U.S. security and competitiveness report of the 2nd national software summit, April 29, 2005.

[4] Butler M, Leuschel M, Presti S, et al. The use of formal methods in the analysis of trust. Lecture Notes in Computer Science, 2004, 2995: 333-339.

[5] Mulligany D K , Schneider F B. Doctrine for cybersecurity. Technical Report, Cornell University, 2011(5).

[6] Hoos H. Programming by optimization. Communications of the ACM, 2012(2), 55(2).

[7] Lee E A, Parks T M. Dataflow process networks. Proceedings of the IEEE, 1995(5), 83(5): 773-801.

[8] Kang E, Jackson E, Schulte W. An approach for effective design space

exploration, foundations of computer software: modeling, development, and verification of adaptive systems. Monterey Workshop, Lecture Notes in Computer Science, Springer, 2010.

[9] Common Criteria for Information Technology Security Evaluation, Revision 5 in 2017.

[10] Kopetz H, Obermaisser R, Salloum C E, et al. Automotive software development for a multi-core system-on-a-chip: Fourth International Workshop on Software Engineering for Automotive Systems, 2007.

[11] Wang G Q, Zhao W H. The principles of integrated technology in avionics systems. Academic Press, 2020.

[12] Staron M. AUTOSAR（AUTomotive Open System ARchitecture）. Automotive Software Architectures. Springer, 2021.

[13] Efroni S, Harel D, Cohen I R. Reactive animation: realistic modeling of complex dynamic systems. Computer, 2005(1).

[14] Bliudze S, Furic S, Sifakis J, et al. Rigorous design of cyber-physical systems—linking physicality and computation. Software & Systems Modeling, 2017(12).

[15] Sifakis J. Autonomous systems—an architectural characterization. arXiv, 2018(11).

第3章

严密系统设计方法

3.1 基本思想

严密系统设计方法[1]将系统设计活动视为一个从需求到形式化模型再到可执行代码的转换过程，其中，形式化模型不仅包括实现系统功能的应用软件模型，也包括描述系统运行平台和外界环境的抽象模型，系统形式化模型到可执行代码的转换采用了基于模型的代码自动生成和优化技术。

严密系统设计方法是一个可迭代、可解释、可回溯的设计过程。可迭代（iterative）是指这个过程包括一系列具有严格定义的步骤，并且明确了：①哪些环节需要设计人员发挥创造性，解决需求分析和设计方案选择等问题；②哪些环节可以借助软件工具，自动化完成烦琐且容易出错的设计任务。可解释（accountable）是指在所有待分析的系统属性中，系统设计人员不仅能解释哪些属性能够得到满足，也能解释哪些属性无法得到满足。可回溯（traceable）是指如果一个系统属性在某个设计阶段中得到满足，那么该属性应当在所有后续设计阶段中均得到满足。可回溯性可以通过采用具有属性保持（property preserving）特性的模型转换方法得到保证。

严密系统设计方法是一种基于模型的设计方法。该方法采用一种统一且具有严格形式化语义的建模语言对应用软件及其运行平台进行建模，以确保不同设计阶段的模型（如需求模型、应用软件模型、系统抽象模型和系统实现模型等)满足语义一致性。在统一的模型语义基础上，该方法通过模型转换实现可执行代码的自动生成，并且通过证明模型转换的语义一致性来确保代码生成过程的正确性。

传统的系统设计方法(如“V-模型”方法)采用先构造、后验证的方式来确保系统的正确性。然而，对于大规模复杂系统而言，这种“后验式”的验证技术受限于较高的计算复杂度，在实际应用中往往不可行。为克服传统系统设计方法所面临的技术局限性，严密系统设计方法遵循“构造即正确”(correct by construction)的设计原则，通过组件复用和体系架构来确保模型的正确性，通过模型驱动的代码生成来确保系统实现的正确性，从而避免对“后验式”形式化验证的依赖。

在工业界的设计实践中，严密系统设计方法的思想体现在以下两类系统的设计中：一类是硬实时嵌入式系统(hard real-time embedded system)的设计，如飞机、汽车、核电和医疗等设备的嵌入式控制系统；另一类是大规模集成电路(Very Large Scale Integration，VLSI)等硬件系统的设计。下面阐述这两类系统设计技术的主要特点及其成功应用的主要原因。

(1)硬实时嵌入式系统设计：这类方法通常采用领域特定语言(Domain Specific Language，DSL)进行系统设计和相关的正确性分析验证。例如，同步编程语言(synchronous programming language)广泛应用于同步反应式系统(synchronous reactive system）的设计开发[2]。同步程序是由多个强同步组件组成的组件网络，组件网络的执行过程是由一系列不可中断的计算步骤组成的序列。该序列定义了逻辑时间的概念，并且在任一逻辑时刻，网络中的每个组件均同步执行一个计算步骤。通常，同步程序都是在单核处理器上实现的。如果所有计算步骤的最坏情况执行时间小于规定的响应时间，那么我们认为该同步程序满足实时性要求。此外，对于异步系统（asynchronous system）而言，相应的设计技术主要采用由ADA标准[3]定义的设计流程，并基于专用的多任务运行环境，以事件驱动的方式进行系统实现。固定的优先级调度策略可用于实现多个组件之间的资源共享。对于已知时间周期和开销的组件，调度理论可用于预测组件的计算响应时间。最后，时间触发技术（time-triggered technique）主要在专用平台上使用特定的编程模型来确保时序属性的“构造即正确”[4]。

（2）大规模集成电路系统设计：相关的设计技术遵循严密系统设计流程，能够在功能完备且定义良好的硬件抽象层的基础上，实现从由硬件描述语言（Hardware Description Language，HDL）表示的结构化组件模型到实际可执行代码的自动转换。由于这类硬件系统往往使用数量有限且定义明确的同步组件，其计算模型的同构性大大简化了组件交互的分析。系统模型的正确性可以通过形式化验证技术来保证，而基于模型的代码自动生成技术能够确保可执行代码的正确性。需要指出的是，基于符号化布尔函数表示形式（如二元决策图）的高效形式化验证算法是大规模集成电路设计技术能够成功应用的关键所在[5]。

严密系统设计方法能够成功应用于上述两类系统的主要原因在于：①具有语义连贯且可回溯的设计流程，以及相应的自动化辅助设计工具支持；②采用体系架构和形式化方法实现“构造即正确”，并通过相关的行业规范进行标准化。然而，这些方法在复杂异构的计算系统(如信息物理系统)设计中的应用遇到一些阻碍，如缺乏通用的组件模型、难以刻画计算模型的异质性、难以描述不同特征的体系架构等难题。上述案例启发了我们对严密系统设计方法的思考，严密系统设计方法应当遵循以下四项原则：关注点分离、基于组件、语义连贯以及“构造即正确”。

3.2 关注点分离

严密系统设计方法的一个重要原则是关注点分离(separation of concerns)，其基本思路是，将一个复杂问题分解为多个简单的子问题，每个子问题均有相对独立的求解过程。具体地，在系统设计过程中，该原则对功能需求和非功能需求分而治之，从而将系统设计问题分解为以下两个子问题：第一个是系统应当提供哪些功能，即如何满足系统的功能需求；第二个是系统如何利用现有资源有效地实现这些功能，即如何满足系统的非功能需求。换句话说，系统设计应当从提供所需功能的应用软件的设计开始，然后在特定的目标平台上利用给定的资源实现该应用软件。应用软件的设计和实现过程还可以进一步分解为一系列具有特定目标的子过程。

严密系统设计可以看作一个从系统的应用软件模型、目标平台模型以及映射关系(应用软件到目标平台)，到系统抽象模型，再到系统实现模型转换，以及代码生成的过程，其主要流程如图3.1所示。我们首先解释该流程中涉及的几个模型，即应用软件模型、目标平台模型、系统抽象模型和系统实现模型。应用软件模型是对系统功能需求的刻画，通过模型检测等形式化验证技术可以分析该模型相对于功能需求的正确性；目标平台模型描述了系统的运行环境，包括处理器单元、存储单元和通信介质等元素的属性；映射关系将应用软件的进程和数据分别与目标平台的计算单元和存储单元相关联。基于应用软件模型、目标平台模型和上述映射关系，我们可以通过模型转换得到系统抽象模型。系统抽象模型描述了应用软件在目标平台上的行为，可用于分析非功能需求是否得到满足。在此基础上，利用目标平台提供的通信和交互原语，对系统抽象模型的动作进行进一步的精化，可以得到系统实现模型。系统实现模型可用于面向目标平台的代码自动生成。需要注意的是，从系统需求到可执行代码的转换过程本质上是一系列模型精化的过程。在每一个模型精化的过程中，我们用具体的操作替换模型中的抽象原语，从而逐步减少模型的抽象层次，直至得到与目标平台相关的操作，即可执行代码。

从方法论的角度来看，将功能需求和非功能需求分而治之，对严密系统设计而言是至关重要的。这主要是为了解决系统设计流程中存在的两个主要断层：从需求到应用软件的断层，以及从应用软件到软硬件融合系统的断层。接下来，我们阐述这两个断层的主要问题，并指出相关的解决途径。

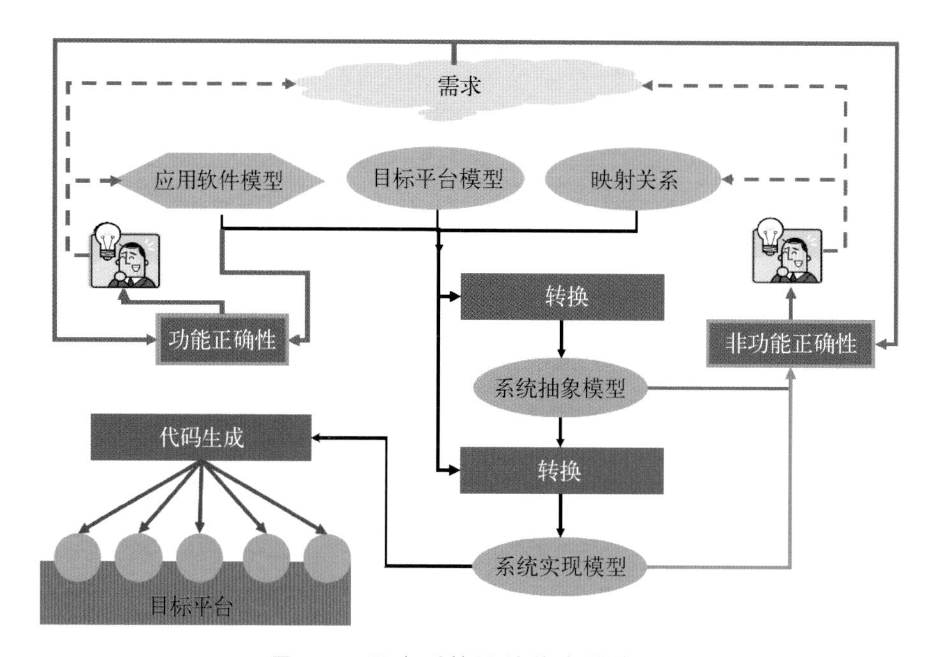

图 3.1　严密系统设计的主要流程

3.2.1　从需求到应用软件

1. 需求描述

通常，系统设计的首要任务是准确描述预期的功能需求以及需要满足的非功能需求。尽管在过去几十年里，学术界在需求的形式化描述和分析方面取得了一定进展，例如，基于时序逻辑(temporal logic)的需求描述方法在功能安全需求方面得到了广泛应用[6]，但是，形式化描述和分析方法仍然难以从根本上解决需求分析所面临的问题。

首先，需求描述面临的最大问题是系统设计人员无法准确地表达可信性等抽象概念。因此，如何形式化描述设计人员无法表述的内容也就成为一个难题。例如，在计算机与网络安全方面，对信息安全需求的描述应当考虑到外界攻击者的行为，然而，后者通常是不可预测的，很难进行形式化描述。我们如何能够详尽且准确地描述来自未知或未察觉对手的威胁？在某种程度上，基于经验数据的方法或许有所帮助，但仍然难以确保基于经验的实验结果与严密的数学模型保持一致。例如，我们可以构建原型系统，并通过用户试用和反馈，对系统可能存在的问题进行迭代修复，从而聚焦在一组能够得到信任和认可的需求上。尽管如此，如何对攻击者的所有入侵行为以及系统所面临的安全威胁准确完备地描述，仍然是一项极具挑战的难题。更一般地，我们仍然缺乏一套适用于非功能需求描述的理论方法和工具。

其次，对于设计人员能够表述的需求，准确的需求描述仍然面临诸多技术难题。一方面，原始的需求往往是声明性的，主要用自然语言进行表述，存在二义性。我们需要大量的人工分析，以消除需求存在的歧义，否则，将会影响后续系统设计过程的严谨性和正确性。另一方面，需求描述不仅需要包括系统的功能，也需要刻画系统在特定运行环境中的行为。然而，对系统的运行环境进行形式化描述同样不是一件容易的事情，主要原因在于环境的不确定性和动态演化特性。通常，我们是在一个特定的抽象层次上对环境进行建模的，不可避免地会丢失一些运行环境的细节属性。

如第2章所述，为了开展系统设计的正确性分析，我们需要将系统需求分解为一组刻画系统正确性的属性，包括功能安全属性、信息安全属性和效率属性等。然而，需求分解过程需要我们对系统的行为和工作模式有深入的理解，例如，“当电梯轿厢移动时所有门都应当关闭”这一简单的需求，可以通过一个系统级的互斥属性进行描述，即系统不能同时处于运动和轿厢门打开的状态。这一需求无法再分解为针对子系统的属性。目前，我们仍缺乏能实现自动化需求分解的理论工具。

2. 应用软件开发

应用软件开发的一个关键问题是如何有效地处理软件系统内部以及软件与外部环境之间交互的复杂性。采用通用过程式编程语言(如C或Python等)进行软件开发并不能有效地解决这个问题。这些语言主要适用于顺序程序编写，以实现特定的函数计算任务，并不适用于那些与外界环境存在大量交互的并发反应式软件系统，对于这类系统，通用编程语言更容易在软件开发过程中引入编程错误。为了适应反应式软件系统设计，现有的编程语言和技术应该从以下两个方面加以改进：

一个方面是提升抽象层次。程序设计应当尽可能采用声明式语言(declarative language)，以简化关于程序正确性的推理分析过程，并借助工具完成底层可执行代码的自动化生成。当前，学术界提出了许多提升抽象层次的方法，包括基于逻辑的方法、基于约束的方法以及函数式编程方法等。这些方法都通过采用相应的解析器或编译器，从抽象的程序设计模型自动生成可执行的软件代码。类似地，对于系统设计而言，基于自动机的形式化方法提供了一种准确的功能需求描述方法。简单地说，基于自动机的形式化方法将系统行为描述为一组迁移关系，其中每个迁移关系都由一个激活条件和相应的动作组成。常见的基于自动机的形式化方法包括行为编程[7]、BIP[8]以及基于场景的方法[9]等，其中，基于场景的方法将系统行为描述为一组场景，并基于场景自动合成系统的行为代码。在理论上，从形式化需求模型到软件代码的自动转换可以视为一个合成问题（synthesis problem）：是否存在一个算法，其输入为一组已有的或已知功能特性的原子组件，输出为一个满足给定功能需求的软件系统。遗憾的是，这个问题不存在一般化的求解算法，例如，我们无法设计一个通用的程序合成算法，将任意给定的一个逻辑规范自动转换为可执行程序。针对这个问题，一种实用的解决方法是尽量缩小声明式语言和过程式语言之间的差距，并使过程式语言尽可能接近声明式语言风格，从而简化代码生成过程。

另一个方面是采用领域特定语言进行需求描述和系统建模。领域特定语言主要适用于某个特定领域问题的解决方案，例如，SCADE[10]和Simulink[11]等同步编程语言广泛应用于安全关键嵌入式控制系统的设计开发，数据流编程模型则广泛应用于多媒体应用的开发等，后者允许显式描述多个任务之间的并行性，并适用于可调度性分析。其他的领域特定语言示例包括nesC[12]（network embedded system C）以及BPEL[13]（Business Process Execution Language）等，其中，nesC是C语言的扩展，主要包括用于无线传感器网络的TinyOS平台的结构概念和执行模型，而BPEL是一种用于描述业务流程和服务的形式语言。使用领域特定语言的主要原因在于，对于反应式系统，我们需要具有较强表达能力的建模原语，能够直接支持不同类型并发行为和通信方式的描述。通用编程语言没有为反应式系统中的并发行为和通信方式提供足够的建模支持。那些能够用基于自动机的建模语言求解的问题，往往很难用通用编程语言来解决。例如，由于Java语言存在复杂的线程语义以及多种等待/通知机制，在Java语言中编程实现通信自动机并不是一件容易的事情。此外，采用领域特定语言有助于提高需求模型的正确性分析效率。

3.2.2 从应用软件到软硬件融合系统

基于模型的系统设计方法通常采用模型转换方法，从系统的抽象模型生成可执行代码。模型转换的关键在于：①精化抽象模型中的原子语句，得到与硬件运行平台相关联的动作序列；②描述与共享资源相关的动作序列的同步约束；③将动作与资源参数相关联，后者表示执行该动作所需的资源，如执行时间等。

系统的抽象模型描述了应用软件在硬件运行平台上的动态

行为。在系统模型中，除描述应用软件行为的状态变量之外，时间、内存和能量等资源也可以通过变量进行表示。资源变量具有两种类型的约束，一种是用户定义的约束，这类约束描述了与系统反应时间、吞吐量和成本等相关的需求，如时限、周期、内存容量和能耗等。另一种是平台相关的约束，这类约束刻画了执行相关操作所需的资源量，如运行时间和能耗等。处理资源变量时应当特别注意，针对每个操作都应当指定其消耗和释放的资源量，并修改相应的资源变量。动作在执行过程中，除修改软件变量之外，还会相应地更新资源变量，因此，系统模型的状态应该包括应用软件变量状态以及资源变量状态两部分。

我们需要一套构建可信赖的系统模型的理论方法，系统模型可以通过使用资源变量对应用软件模型进行拓展得到[14]。然而，如何确保系统模型的可信赖性仍然是一个有待深入探索的研究问题，其中有两个难点。

一个难点在于，系统行为缺乏可预测性，系统模型只能对真实的系统行为近似描述，在某种适当的抽象近似下，系统模型的任一动作序列都应当对应应用软件的某个动作序列。同样，我们也无法从一个给定的抽象状态中精确地估算出某个动作所需的资源量，而只能估算一个边界值。

另一个难点在于，如何确保系统模型中资源变量的变化关系与相应物理规律的一致性。例如，在物理世界里，时间是稳步递增的，无法被终止或暂停；然而，在系统模型中，时间变量的变化可能会停止、暂停或出现Zeno运行等情况[15]。这种不一致的情况反映出系统模型时间和物理时间之间的显著差异。在实际系统中错过时限这一事件的发生，可能会对应于相应系统模型中的死锁状态。同样，在实际系统中缺乏足够的资源反映在系统模型中则是无法执行相应的动作。这些现象引出了系统模型可行性(feasibility)的概念，系统模型的可行性分析仍然值得深入研究。文献[16]提出了一种针对实时系统的模型可行性分析方法，该方法通过比较理想系统模型(表示含有无限资源的用户定义约束的系统行为)和实际系统模型(表示应用了以上两种类型约束的物理系统模型)，来揭示用户定义约束和平台相关约束之间的相互作用关系。

对于一个给定的理想系统模型，我们可以改变每个动作所需的资源量，进而得到多个不同的物理系统模型。换句话说，物理系统模型可以由一个特定函数ϕ来指定，该函数为每个动作分配所需的资源量。运行平台的性能随着函数ϕ的增加而增加。函数ϕ也称为性能函数。对于某些性能函数ϕ，如果物理系统模型的所有动作序列同时也是理想系统模型的动作序列，那么可以认为该物理系统模型是理想系统模型在性能函数ϕ定义下的一个安全实现(safe implementation)。一个有趣的问题是，对于给定的安全实现，如何估算出最坏情况下的性能函数ϕ。事实上，通过提高性能而确保实现安全性的想法是不可行的。一般情况下，如果两个函数满足关系$\phi' < \phi$，那么函数ϕ定义下的安全实现不一定是函数ϕ'下的安全实现。例如，对于时间性能，最坏情况执行时间的安全性不能保证更优执行时间的安全性，这种现象被称为时间异常[17]。

时间异常的直接后果是限制了我们分析系统模型可行性的能力。在文献[16]中，通过时间性能来保持安全性被称为时间鲁棒性，该特性适用于确定性模型（deterministic model）。此外，资源鲁棒性（resource robustness）对于分析系统模型至关重要。资源鲁棒性描述了一项广泛应用于所有工程领域的基本原理。通常，性能变化随着资源参数而单调变化。例如，对于建筑而言，增加其部件材料的强度可以增强建筑的机械阻力。因此，最坏情况和最好情况下对资源参数鲁棒性的分析足以确定系统的性能边界。

给定一组功能需求，通常存在许多不同的物理实现。系统模型可用于分析评估不同物理实现的成本和性能。这一过程涉及大量的经验评估和假设测试（hypotheses testing），以确定满足给定成本和性能约束的系统模型。通常，设计空间遍历技术可用于确定符合用户定义的成本和性能约束要求的最佳设计方案[18]。然而，这些技术大多是特定的，主要用于评估设计参数对功能需求的影响，以及估算出符合功能需求的参数组合等。这里的主要挑战在于，如何应对设计空间遍历的计算复杂性，当前的解决方法主要结合了设计空间的抽象符号表示以及相关的快速遍历和优化技术等[19]。

3.3 基于组件的设计

3.3.1 基本原则

基于组件的设计方法的基本思想是，通过将多个简单的组件进行集成，实现复杂系统的高效构建。这种设计方法具有许多优点，如提升设计效率以及故障修复能力等。在许多工程学科的实践中，如电子电器和软件工程，基于组件的复用和构造方法是提高设计效率以及确保正确性的重要手段。

与其他工程学科相比，信息物理系统工程缺乏一个统一的组件框架以及相应的组件分类和组合理论。电气工程通常采用特定的类型定义明确的组件，如电气工程师采用电阻、电容等具有可预测特性的组件构建大规模复杂模拟电路。然而，复杂计算系统（如信息物理系统）通常包含多种不同特性的异构（或异质）组件（heterogeneous component），每种特性都反映了系统在一个特定维度上的属性，如同步或异步组件、基于对象或基于角色的组件、基于事件或基于数据的组件等。这些异构组件给复杂系统设计中的组件复用和互操作带来了挑战。

此外，在系统设计全生命周期的各个阶段，如软件编程、硬件描述和仿真等阶段，我们常使用多种语义无关的表达形式进行组件描述，破坏了系统设计流程的语义连贯性和一致性，带来的后果是，系统开发过程与正确性验证评估过程是分离的。

在严密系统设计方法中，系统组件描述应当基于单一语义模型，这样就能够通过确保第 $n+1$ 阶段的系统描述满足第 n 阶段的基本属性，来保持系统设计过程的语义一致性。此外，语义模型还应当具有足够丰富的表达能力，能够直接支持异构组件的描述。一般而言，组件异质性存在三种不同的因素[1]：

①计算的异质性，语义模型应当包括同步和异步等计算模式，从而支持软硬件融合系统的建模；②交互的异质性，语义模型应当能够描述组件交互执行的各种机制，包括基于信号量(semaphore)的交互、握手(rendezvous)、广播(broadcast)以及方法调用等；③抽象的异质性：语义模型应当支持不同抽象级别的系统描述——从应用软件模型到系统的物理实现等。

严密系统设计方法需要一个统一的组件组合框架，该框架能够提供一系列的组合运算符以及统一的组合范式，从而以一种结构化方式描述各种交互协作机制，如广播协议、同步等。现有的组件组合框架大都基于单个运算符(如自动机乘积、函数调用等)，具有表达能力不足的缺点，往往会带来复杂臃肿的设计：实现多个组件之间的交互协作通常需要增加额外的组件[20]。例如，如果组合运算是基于强同步(握手)交互实现的，那么对广播交互机制的建模则需要增加一个额外的组件，以实现在所有可能的强同步交互中选择最大交互(最大规模的同步)。

3.3.2 组件框架

文献[21]提出了一种严密的基于组件的系统设计框架，该框架包括一个原子组件集合 $B = \{B_i\}_{i \in I}$ 以及一个胶合算子(glue operator)集合 $\mathrm{GL} = \{\mathrm{gl}_k\}_{k \in K}$。其中，原子组件的行为可以通过迁移系统(transition system)进行刻画，如有限状态机；胶合算子集合为一组关于原子组件组合的运算符。

胶合算子可以视为组件行为的转换器。给定一组原子组件 $C_1, C_2, \cdots, C_n$，那么 $gl(C_1, C_2, \cdots, C_n)$ 是由胶合算子 gl 构造的复合组件。胶合算子 gl 的含义可以通过一组操作语义（operational semantics）规则进行定义。具体地说，操作语义将复合组件 $gl(C_1, C_2, \cdots, C_n)$ 的迁移关系定义为关于原子组件 $C_1, C_2, \cdots, C_n$ 的迁移关系的偏函数：如果组件 C_i 在状态 s_i 可以执行动作 a_i，即执行迁移 $s_i \text{-} a_i \rightarrow s_i'$，那么复合组件 $gl(C_1, C_2, \cdots, C_n)$ 就可以执行迁移 $(s_1, s_2, \cdots, s_n) \text{-} a \rightarrow (s_1'', s_2'', \cdots, s_n'')$，其中 a 表示组件之间的交互，在数学形式上，a 可以通过一个由组件动作组成的非空子集 $\{a_1, a_2, \cdots, a_n\}$ 来表示。那么，如果 $a_i \in a$，则 $s_i'' = s_i'$；否则，$s_i'' = s_i$。文献[20]给出了胶合运算符的详细数学定义。

组件框架还可以视为一个具有同余关系（congruence relation）$\approx$ 的项代数（term algebra），该同余关系与迁移系统的强互模拟（strong bisimulation）关系[22]是一致的。那么，从代数的角度来看，一个复合组件可以视为一个由多个原子组件构建的具有良好定义的代数表达式。

胶合算子应当具备以下性质：

（1）递增性（incrementality）：给定任一复合组件 $gl(C_1, C_2, \cdots, C_n)$，其中 $n > 2$，存在两个不同的胶合算子 gl_1 和 gl_2，使得 $gl(C_1, C_2, \cdots, C_n) \approx gl_1(C_1, gl_2(C_2, C_3, \cdots, C_n))$。递增性意味着胶合算子具有一种广义的结合性（associativity）：要实现 n 个组件的组合，可以首先实现 n–1 个组件的组合，即

$gl_2(C_2, C_3,\cdots, C_n)$，然后将该复合组件与剩余的一个组件进行组合，即 $gl_1(C_1, gl_2(C_2, C_3,\cdots, C_n))$。

(2)展平性(flattening)：与递增性相反，给定任一复合组件 $gl_1(C_1, gl_2(C_2, C_3,\cdots, C_n))$，存在一个胶合算子 gl，即 $gl_1(C_1, gl_2(C_2, C_3,\cdots, C_n)) \approx gl(C_1, C_2, C_3,\cdots, C_n)$。基于该性质，我们能够将组件行为与胶合算子分离，并将胶合算子作为一个独立的实体，这样就可以对胶合运算进行独立研究和分析了。

需要指出的是，几乎所有的现有框架都无法同时满足以上两个性质。进程代数(process algebras)[20]主要采用两类胶合算子(并行组合算子和隐藏算子)，尽管它们与组件行为是正交的，但不能满足展平性。其他一般化的组件框架，如文献[21-22]所提出的框架，使用组件行为来表述组件之间的交互协作，尽管能够实现更具表达能力的组件组合，但不能将组件行为与组件交互分离。

组件框架的另外一个重要特性是表达能力(expressiveness)。为了比较不同模型的表达能力，通常先通过展平操作，简化其层次结构，得到行为等价的基础模型(如自动机、图灵机)。然而，这种表达能力的概念并不适合于基于组件的高级建模语言的比较。事实上，在不考虑待求解问题的适用性和准确性的前提下，所有的编程语言都被认为是等价的(图灵完备的)。此外，对于组件框架的表达能力而言，将组件行为与组件交互协作进行分离是至关重要的。文献[17]提出了一种组件框架表达能力的概念，能够刻画组件框架关于组件交互协作的能力。具体地，给定一组原子集合，文献[17]所提出的概念能够对两组胶合算子集合 GL 和 GL′所定义的组件框架的表达能力进行比较。

如果对于任一复合组件 $\mathrm{gl}(C_1, C_2, \cdots, C_n)$，均存在 $\mathrm{gl}' \in \mathrm{GL}'$，使得 $\mathrm{gl}(C_1, C_2, \cdots, C_n) \approx \mathrm{gl}'(C_1, C_2, \cdots, C_n)$，那么我们认为 GL′比 GL 具有更强的表达能力。也就是说，GL 所能够表达的交互协作都可以使用 GL′来表达。这样的定义允许对不同类型的表达能力进行比较，从而能够回答以下类型的问题：包含多方交互的握手机制是否比广播机制更具表达能力？

给定一个由通用胶合算子（universal glue operator）$\mathrm{GL_{uni}}$ 定义的具有最强表达能力的组件框架，一个有趣的问题是，是否可以用更少的胶合算子实现与 $\mathrm{GL_{uni}}$ 相同的表达能力？文献[17]给出了肯定的答案。相关研究结果表明，基于 BIP 的组件框架（将在第 4 章介绍）的胶合算子集与 $\mathrm{GL_{uni}}$ 具有同等的通用表达能力。BIP 组件框架的胶合算子集主要包含交互（interaction）和优先级（priority）两类算子，它们共同构成一个最小胶合算子集。“最小”的含义是，如果去掉交互或优先级中的任意一类，那么这个胶合算子集将失去通用表达能力。

上述结论的一个推论是，现有的仅使用交互机制的形式化组件框架（如进程代数）的表达能力大都较弱。事实上，如果基于以下弱表达能力（weakly expressive ability）的概念，我们可以发现这些框架的表达能力同样是不足的。如果对于任一复合组

件 $gl(C_1, C_2, \cdots, C_n)$，均存在另一个胶合算子 $gl' \in GL'$ 以及一组有限多个原子组件 $\{C_1', C_2', \cdots, C_k'\}$，使得 $gl(C_1, C_2, \cdots, C_n) \approx gl'(C_1, C_2, \cdots, C_n, C_1', C_2', \cdots, C_k')$，那么我们认为，在弱表达能力的定义下 GL′的表达能力强于 GL。换句话说，尽管能够实现与 gl 相同的交互协作，但算子 gl′ 需要增加额外的组件行为。可以证明，即使在这个弱表达能力的定义下，仅包含交互的胶合算子集并不具有通用的表达能力。

能否找到一种严格的方法来比较不同组件框架的表达能力？事实上，我们很难在技术上给出这个问题的准确答案。一种可行的思路是，基于单一的参考组件模型（reference component model），对现有的组件框架进行分类，并比较不同类型的组件框架的表达能力。这里的难点在于如何定义参考组件模型，使得该模型在表达能力方面是完备的，并且具有明确的形式语义。

3.4 语义连贯的设计

系统设计往往使用领域特定语言或通用编程语言，其中，领域特定语言是一种为解决特定领域问题而对某个特定领域的操作和概念进行抽象的语言，广泛应用于系统建模、仿真或性能分析。与通用编程语言相比，领域特定语言具有以下特点：一是为编程人员提供了更高层次的抽象，使得编程人员不用关心实现细节，如特殊的数据结构或低层次优化等，而仅仅着手解决领域特定的问题即可；二是领域特定语言对于其关注的领域提供了有针对性的描述原语，而不用像通用编程语言那样为特定的领域建模提供大量额外的辅助代码。以上两点使得领域特定语言更适合领域专家使用，也正是因为这些特性，我们既能通过领域特定语言，在更高抽象级直观地表达应用问题，快速完成需求确认，实现有效的复用；又能通过工具支持和领域知识复用，使许多从规范说明到可执行代码的转换任务能实现自动化，从而提升设计开发效率。

在实际系统设计过程中，系统设计人员通常会使用多种不同类型的建模和编程语言，例如，①基于各种计算模型的领域特定语言，如数据流、同步或事件驱动等；②物理系统描述语言，如 Matlab 和 Modelica 等；③硬件和系统描述语言，如 VHDL、Verilog 和 SystemC 等；④通用建模语言，如 UML、SysML、BPEL 和 AADL 等。

这些语言能够提升面向特定领域的建模表达能力。将这些语言嵌入一些基本的程序设计语言中，如 C、C++或 Java，对于统一系统开发过程是必要的。然而，这些语言大都缺乏严格的形式语义，这也成为确保系统设计过程语义一致性的主要障碍。另外，系统的正确性验证和性能分析大都基于领域特定模型开展，而这些模型与系统开发所采用的模型并不是严格相关的，这也会给系统设计过程带来不一致性，降低设计效率，也增加系统正确性验证和性能分析的难度。为了弥补这些不足，设计人员应该使用一种统一且具有严格语义和较强建模表达能力的宿主语言，以便在各种现有语言之间建立模型到模型（源到源）的转换，以及增强不同抽象级别之间分析结果的可回溯性。

通过使用更加准确且具有严格语义的宿主语言，提高宿主语言的抽象层次和表达能力，能够增强前向和后向的可回溯性，提升系统设计能力。此外，将现有的系统设计语言映射到统一的宿主语言，将提升系统设计流程的整体一致性。事实上，对于应用软件的开发而言，通常先将使用特定语言构建的模型转换为使用宿主语言描述的软件片段，这一转换可以先借助代码生成工具实现自动化，然后将多个不同的软件片段合成一个完整的应用软件。下面，我们详细阐述语言嵌入的设计思路，并解释其在技术上是如何实现的。

考虑两种基于组件的系统建模语言H和L，二者都具有严格定义的操作语义[23]，我们假设它们可以通过在形式语义层面定义的一个公用同余关系≈进行比较，并且H比L具有更强的表达能力。那么，L到H的嵌入过程主要包含两个转换步骤。

第一步，转换源语言L中显式定义的组件和交互。该转换过程主要通过定义一个能够保留源语言结构的同态转换函数χ，来转换L中所有显式定义的组件及其协作原语，例如，将L语言的组件t转换为H语言的组件$\chi(t)\in$H。同态转换函数χ具有结构保持（structure preserving）的特性，能够将源语言L的组件和胶合算子与宿主语言H的组件与胶合算子相关联：

（1）如果B是源语言L的原子组件，则$\chi(B)$是宿主语言H的原子组件；

(2) 给定源语言 L 的复合组件 $t = \mathrm{gl}(C_1, C_2, \cdots, C_n)$，则 $\chi(t) = \chi(\mathrm{gl})(\chi(C_1), \chi(C_2), \cdots, \chi(C_n))$ 是宿主语言 H 的复合组件，其中 $\chi(\mathrm{gl})$ 是 H 语言中的胶合算子。

第二步，转换 L 语言的操作语义。在这一步，我们还需要在宿主语言 H 中增加必要的胶合算子和组件，主要包括生成一个实现 H 语言操作语义的组件及其相关的胶合算子，确保转换后的复合组件 $\chi(t)$ 能够按照 L 语言的操作语义来执行。

图 3.2 为从源语言 L 到宿主语言 H 的嵌入过程示意图，展示了语言嵌入的概念。左边是一个用 L 语言编写的软件，包括一组胶合算子和行为组件。L 语言的操作语义本质上定义了一个执行引擎，该引擎根据胶合算子所规定的交互协作机制来协调组件的运行。语言嵌入保持了源语言的结构。然而，我们需要在 H 语言中实现 L 语言的操作语义，将 L 语言的执行引擎转换为 H 语言的一个组件以及一组额外的胶合算子（蓝色部分），从而确保复合组件 $\chi(t)$ 的正确执行。

为物理系统建模语言（如 Modelica[24]）定义适当的语言嵌入是一个困难的问题。首先，物理系统建模语言通常是声明性的，描述的是一个含有共同时间参数的连续动力学过程，相应的系统模型是一个具有数据流连接器的并行组件网络，若嵌入通用程序设计语言，物理系统固有的并行特性只能通过使用共享的时间变量来进行模拟，所有事件都需要使用一个共同的时间基准。其次，如何通过离散系统的输入/输出行为来描述含有连续变

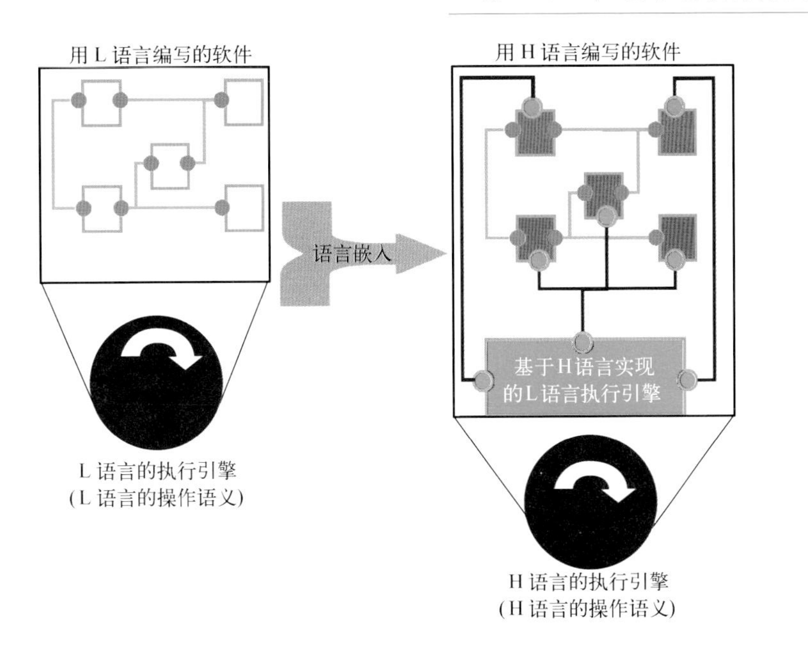

图 3.2 从源语言 L 到宿主语言 H 的嵌入过程示意图

量的函数？为了更好地解决这个问题，考虑一个由方程 $y(t) = x(t-1)$ 定义的单位延迟函数，其中 x 和 y 均为布尔变量。该方程的行为可以用描述单位延迟函数的时间自动机（timed automaton）来表示（见图 3.3），这种表示的前提是，在一个单位时间内最多只有一个关于输入变量 x 的变化。时间自动机通过检测输入变量 x 的上升沿事件（$x\uparrow$）和下降沿事件（$x\downarrow$），在单位时间内做出相应的反应，反应延迟用时钟变量 t 来表示。例如，当时间自动机处于 $y = 0$ 状态时，若检测到 $x\uparrow$，就将时钟变量归零，即执行赋值操作 $t := 0$。当时钟变量变为 1 时，即条件 $t = 1$ 得到满足，那么时间自动机进入 $y = 1$ 状态。需要注意的是，在这种表示方法中，时间自动机的状态和时钟的数量与一个时间单位中变量 x 所允许的最大变化数量成线性关系。

事实上，语言嵌入并不是一项简单的任务，最大的困难在于如何对源语言的语义进行形式化定义，感兴趣的读者可以在文献[25]中找到一些相关的讨论以及一些语言嵌入的案例，主要包括 nesC、DOL、Lustre 和 Simulink 等语言在宿主语言 BIP 中的嵌入。

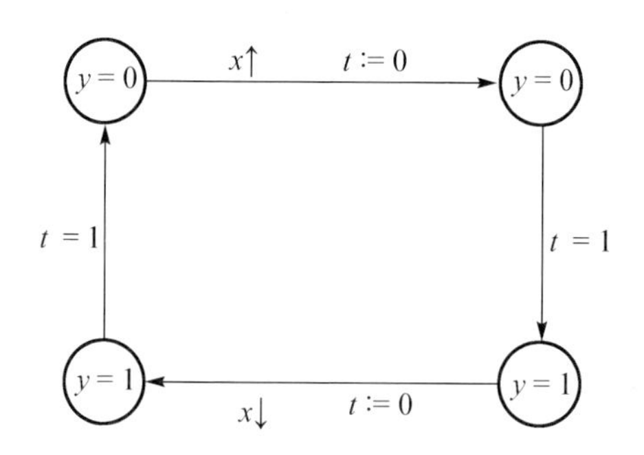

图 3.3　描述单位延迟函数的时间自动机

3.5 “构造即正确”的设计

3.5.1 基本原理

基于模型检测的正确性验证仍存在诸多挑战，例如，计算复杂度随待验证系统规模呈指数级增长。为了应对这些挑战，一种可行的技术途径是“构造即正确”，即通过使用适当的协议、架构以及设计模式等，构造组件模型，以确保组件行为满足给定的系统正确性属性。通常，这些构造原则可以通过具有形式化定义的语言进行描述并证明其正确性，以提供给系统设计人员复用。事实上，"构造即正确"方法是诸多工程学科的基础，该方法在应用规模方面是可扩展的，不会受到模型检测等形式化验证方法所面临的复杂度限制。当然，测试和验证技术仍然是必要的，但测试和验证的作用是确认"构造即正确"实现过程的一致性，而不是用于证明系统设计的正确性。

在系统设计的实践中，设计人员广泛使用经过正确性验证的算法、协议和架构。同时，设计人员也利用编译器等工具完成不同抽象级别的模型的转换，将高级语言所描述的模型(以语义等价的方式)转换为底层的目标对象代码。这些理论结果在很大程度上说明了我们已经部分具备应对复杂性、实现高效系统设计开发的能力。然而，我们依然面临的一个关键问题是，如何在系统设计过程中集成现有的"构造即正确"原则或结论。目前，我们尚缺乏一套统一的"构造即正确"理论框架，能够将系统全生命周期设计过程集成到一个严格的、完整的流程中，并根据组件组合理论和规则，由简单组件模型来构建满足给定需求的复杂组件模型。

接下来，针对以下两种基本系统属性，阐述"构造即正确"方法的原则。

(1) 不变式属性(invariant property)：该属性可以理解为一组关于系统状态的谓词，其可满足性在系统迁移关系下是保持不变的：如果不变式在某个状态中成立，那么它在给定迁移关系的所有后继状态中也成立。本质上，状态不变式是系统可达状态集(reachable state set)的上近似(over-approximation)。需要指出的是，基于胶合算子的组合方法保持了组件的不变式属性，因为本质上胶合算子是对组件行为的限制，而不会引入新的行为，即迁移关系。

(2)无死锁属性(deadlock freedom property)：该属性是一种活性(liveness property)，意味着系统在任何可达状态都至少存在一个可执行的动作或迁移关系。然而，将多个无死锁的组件进行组合所得到的复合组件通常无法保证无死锁属性。

本书考虑这两种属性是出于实用原因，大多数功能安全和信息安全需求都可以通过这些基本属性的结合进行描述。其他类型的属性，如一般化的活性和定量属性，其一致性保持问题仍无法通过当前的技术手段有效解决。在后文中，我们使用术语“正确性”表示系统模型满足以上两种基本属性。

本书提出的“构造即正确”方法主要在以下两个维度上逐步开展严密系统设计：

(1)水平正确性(horizontal correctness)：在每个设计阶段中，在保持原子组件的基本属性的基础上，通过使用架构和规则来保证复合组件的全局属性；

(2)垂直正确性(vertical correctness)：在不同设计阶段之间，通过属性保持的模型转换，确保在第 n 阶段中建立的属性，能够在后续第 $n+1$ 阶段中都得到保持。

3.5.2　水平正确性

水平正确性解决的是下列问题：给定一个含有原子组件$B = \{B_i\}_{i \in [1,n]}$和胶合算子 $GL = \{gl_k\}_{k \in K}$ 的组件框架，如何由集合 B 中的原子组件构建一个满足给定属性 P 的复合组件 C？通常，复合组件 C 的构建过程是自下而上的，即复杂的复合组件是使用胶合算子从简单的原子组件构建而成的。这个过程中可以使用以下两个方法来确保属性 P 的可满足性：属性强制(property enforcement)方法和属性组合(property composability)方法。

1．属性强制方法

属性强制方法的基本思想是使用体系架构来约束复合组件的行为。考虑到胶合算子的表达能力，这个过程可能需要新增一些额外的组件来刻画组件之间的交互协作行为，以确保所构造的复合组件的全局行为满足属性。

数学上，体系架构可以表示为一个参数化的算子 $A(n)[X] = gl(n)(X, D(n))$，其中变量 X 是一个 n 元组，$gl(n)$ 是一个胶合算子，$D(n)$ 为一组协作组件。给定 n 个原子组件 $C_1, C_2, \cdots, C_n$，将算子 $A(n)$ 作用在原子组件上可构造一个复合组件 $A(n)[C_1, C_2, \cdots, C_n] = gl(n)(C_1, C_2, \cdots, C_n, D(n))$。该复合组件保持了各个原子组件的基本属性，即①无死锁性：如果所有原子组件 C_i 都是无死锁的，那么复合组件 $A(n)[C_1, C_2, \cdots, C_n]$也是无死锁的；

② 不变式性质：任一原子组件 C_i 的不变式，同时也是复合组件 $A(n)[C_1, C_2,\cdots, C_n]$的不变式。

由于只有在胶合算子 gl 所定义的交互与组件的动作相匹配的时候，体系架构才能作用在原子组件上，因此，体系架构也可以视为一个偏函数。同时，体系架构也是一个由属性 P 指定的协作问题的解决方案，即通过使用胶合算子 gl 指定的一组交互协作来确保属性 P 的可满足性，例如，对于分布式架构，交互协作是点对点的异步消息传递。属性 P 刻画了体系架构的特征，例如，互斥属性（mutual exclusion）能够刻画那些满足互斥性质的体系架构。

需要指出的是，我们提出的体系架构定义具有通用性，不仅可以用于硬件系统架构的描述，还可以用于网络协议、分布式算法、资源调度等软件系统架构的描述。系统开发人员广泛使用参考体系架构库，以确保功能和非功能属性的可满足性，例如，容错体系架构、资源管理和 QoS 体系架构、时间触发体系架构、安全体系架构和自适应体系架构等。

2．属性组合方法

在系统设计过程中，通常需要在一组原子组件上应用多个体系架构，以满足给定的全局属性。例如，考虑两个架构 A_1，A_2，分别应用在一组原子组件 $C_1, C_2,\cdots, C_n$ 上，以满足属性 P_{A_1}，P_{A_2}，即 $A_1[C_1, C_2,\cdots, C_n]$和 $A_2[C_1, C_2,\cdots, C_n]$分别满足属性 P_{A_1}，

P_{A_2}。我们所关心的问题是，能否找到一个同时满足这两个属性 P_{A_1}，P_{A_2} 的架构 $A(C_1, C_2,\cdots, C_n)$，换句话说，如果架构 A_1 用于确保互斥属性，而 A_2 用于强制执行一个调度策略，那么能否在同一组原子组件上找到同时满足互斥属性且执行相应调度策略的体系架构？

在实践过程中，系统设计人员往往针对特定的问题，使用相应的体系架构。因此，我们需要一种体系架构的集成方法，在不影响体系架构的特征属性的情况下，能够有效地组合不同的架构，我们称之为体系架构的可组合性。软件工程中的特征交织（feature interaction）[26]、web 服务以及面向切面编程（aspect- oriented programming）中的干扰[27]等现象都是缺乏体系架构可组合性的表现。

这个问题的一个理论解决方案如下：给定组件集合 $\{C_1, C_2,\cdots, C_n\}$，证明满足给定属性的体系架构集合构成一个具有特定偏序关系（记为<）的格（lattice）。格的最大元素是最自由的体系架构，即不强制执行任何属性的架构。格的最小元素表示所有能够导致死锁的体系架构。偏序关系<的定义如下：对于任一属性 P，若复合组件 $A_1[C_1, C_2,\cdots, C_n]$ 满足属性 P，则 $A_2[C_1, C_2,\cdots, C_n]$ 也满足属性 P，那么我们记为 $A_1<A_2$。同时满足属性 P_{A_1} 和 P_{A_2} 的体系架构可以定义为 $A_1 \oplus A_2$，其中，符号⊕表示一个偏函数，表示 A_1 和 A_2 的最大下界或者格的最小元素。文献[28]研究了⊕运算在胶合算子上的性质，并将其应用于“构造即正确”的增量式组件模型设计。

3.5.3 垂直正确性

由高抽象等级组件向低抽象等级组件转换需要进行组件精化或者求精，转换过程需要保持组件相对于给定等价关系或者属性的正确性。例如，对于复合组件 $\mathrm{gl}(C_1, C_2,\cdots, C_n)$ 而言，其精化的过程可以理解为将该组件转换为一个更加精细的复合组件 $A[C_1', C_2',\cdots, C_n'] = \mathrm{gl}'(C_1', C_2',\cdots, C_n', D)$ 的过程。这个转换过程分别对原子组件 $C_1, C_2,\cdots, C_n$ 以及胶合算子 gl 进行精化，得到新的原子组件 $C_1', C_2',\cdots, C_n'$ 和胶合算子 gl′以及必要的协作组件 D，其中，对原子组件 C_i 中的动作进行精化，包括将该动作替换为一个具体的动作序列，序列的第一个和最后一个元素分别对应于精化动作的开始和完成。动作的精化还会带来组件状态空间的精化，即引入新的状态变量来控制精化动作的执行。胶合算子的精化本质上是对交互的精化。这个问题的一个具体实例是为复合组件 $\mathrm{gl}(C_1, C_2,\cdots, C_n)$ 找到一个分布式的实现，其中胶合算子 gl 描述了多个组件之间的交互。在这种情况下，新的胶合算子 gl′ 仅包括由一组额外组件进行协同的点对点交互。组件 $C_1, C_2,\cdots, C_n$ 中的原子动作将通过特定消息发送和接收协议下的动作序列进行精化。

动作精化下的语义保持问题已经得到广泛研究[29]。现有的工作大都集中在保持精化动作原子性（atomicity）属性的语义框架上，如进程代数。其中的一个关键问题是，如何确保抽象模型行为之间的因果关系（causality relation）和冲突关系

(conflicting relation)在精化模型中得到继承。

本书中，我们采用一个不同的方法，首先从详细的行为语义中得到抽象模型，然后给出当胶合算子被体系架构替换时的正确性保持条件。

将胶合算子 $gl(C_1,C_2,\cdots,C_n)$ 描述的组件交互之间的冲突关系记为#，我们可以通过静态分析来近似估算这个关系：如果两个交互关联到同一个组件的动作，那么我们认为这两个交互可能存在冲突关系。

用 S 表示组件 $C_1, C_2,\cdots, C_n$ 的状态空间，用 S'表示精化组件 $C_1', C_2',\cdots, C_n'$ 的状态空间。对于每个状态 $s\in S$，我们定义精化状态空间 S' 的一组可观察状态，用$[s]$表示，包括那些能够激活动作序列中第一个动作的状态 s'，该动作序列是状态 s 的激活动作的精化。

对于一个交互 $\gamma\in gl$，用$[\gamma]$表示算子 gl' 所定义的精化动作的交互，用 seq$[\gamma]$表示这些交互的有限序列集。如果以下条件满足，那么我们认为组件精化是正确的。

(1)实现条件：若 $s-\gamma\rightarrow s_1$，那么对于任一状态 $s'\in[s]$，存在 $\sigma\in seq[\gamma]$和 $s_1'\in[s_1]$，使得 $s'-\sigma\rightarrow s_1'$；对于从给定状态 $s'\in[s]$开始的最大动作序列，若仅涉及$[\gamma]$中的交互，则该序列终止于$[s_1]$中的状态。

(2)原子性条件：对于两个交互 $\gamma_1,\gamma_2\in gl$，若冲突关系 $\gamma_1\#\gamma_2$

成立，那么以状态[s]为初始状态，执行动作序列 seq[γ_1]所遍历的状态，不会触发[γ_2]中的交互。

上述两个条件均可以单独进行检测。其中，第一个条件保证了源抽象模型的迁移关系能够被正确地实现为精化模型中可观察状态之间的迁移关系的传递闭包(transitive closure)。第二个条件保证了存在冲突关系的交互在执行过程中的无干扰性。那么，在此基础上，我们可以确保复合组合 gl(C_1, C_2,⋯, C_n)的状态不变式能够在精化模型的可观察状态上得到满足。此外，精化模型的无死锁属性也得到了保持。

3.6 实践讨论

在系统设计的实践过程中，我们还面临的一个问题是，如何在基于组件的系统设计框架中应用上述原则和技术。

在本章，我们讨论相关组件框架的实践结果及其可能的拓展方向，特别是基于 BIP 的组件框架的实践结果。

对于水平正确性，我们需要设计开发一个参考体系架构库，并根据特征属性对现有的体系架构进行分类。目前，我们在分布式算法、协议以及调度算法等方面积累了大量的研究结果，然而，这些结果大多侧重于阐述相关体系架构的原理，而忽略了对实际系统的应用过程。一方面，它们的正确性证明通常基于假设-保证推理技术：全局的系统属性可以通过对局部的组件属性进行推理和组合来得到。这种技术足以验证该原理的可行性，但并不意味着具体系统实现的正确性。另一方面，这些体系架构并没有考虑时间、内存和能耗等物理资源因素。我们认为体系架构库中所包含的参考体系架构应当满足以下三个条件：①能够描述为给定组件框架中的一个可执行模型；②相对于其特征属性是正确的；③刻画了性能、效率和其他基本非功能属性。

为了增强可复用性，参考体系架构应根据其特征属性进行分类。这些属性有很多种，例如，互斥架构、时间触发架构、安全架构、容错架构、时钟同步架构、自适应架构、调度架构等。能否确定一组最小的基本属性及其相应的体系架构，可以通过组合推理等方法从中得到更加一般的属性及其相应的架构？

为了阐述这一基本思想，我们给出一些常见的例子。时间触发架构（time-triggered architecture）通常将时钟同步算法（clock synchronization algorithm）与领导者选举算法（leader election algorithm）相结合。信息安全架构（information security architecture）集成了入侵检测保护、完整性检查等各种安全性机制。容错架构（fault-tolerant architecture）集成了错误检测和修复、重配置、冗余管理等机制。通信协议则结合了一组关于信令、认证以及错误检测/纠正的算法。是否可以通过基础体系架构及其特征属性的增量式组合来获得满足给定全局属性的体系架构？这仍然是一个有待解决的开放问题。回答该问题对完善“构造即正确”的系统设计方法具有极其重要的意义。

对于垂直正确性，我们需要开发组件精化（component refinement）工具，实现从高抽象层次模型向低抽象层次模型的转换，特别地，在特定组件框架中抽象地应用了软件模型的精化。该组件框架提供了一系列抽象建模原语，如具有原子性的组件交互（特别是多方交互（multiparty interaction））及逻辑时间的概念（模型动作及其同步的执行不消耗物理时间）。

根据运行平台的类型，组件精化技术可以在两种边界情况之间变化：硬件驱动的精化和分布式精化。

硬件驱动的精化工具能够根据给定的硬件平台，生成相应的应用软件模型。这些工具将以下映射（关联关系）作为输入：①应用软件模型组件到硬件平台处理器的关联关系；②模型组件数据到硬件平台存储器的关联关系；③模型组件动作及其交互到执行路径的关联关系。模型精化过程还包括可能的调度和仲裁策略等参数，同时还使用一系列硬件相关的组件库，提供物理平台和中间件的模型。文献[30]描述了一种硬件驱动的BIP模型精化工具。

分布式精化工具基于平台无关的应用软件模型，生成能够在分布式硬件平台上运行，并且与应用软件模型观测等价的可执行模型。这里的主要精化过程是用异步消息传递替换抽象模型中的多方协同机制。这类工具将以下映射关系作为输入：①应用软件的组件模型到分布式运行平台的映射关系；②多方协同机制到异步消息发送/接收协议的映射关系。模型精化过程的一个参数是消息发送/接收协议中分布式冲突消解算法。文献[31]描述了一种用于BIP模型的分布式精化工具。

参考文献

[1] Sifakis J. Rigorous system design. Now Foundations and Trends, 2013.

[2] Halbwachs N. Synchronous programming of reactive systems. Kluwer Academic, 1993.

[3] Watt D A, Wichmann B A, Findlay W. Ada: language and methodology. Prentice Hall, 1987.

[4] Kopetz H. The rationale for time-triggered ethernet: Proceedings of the 29th IEEE Real-Time Systems Symposium, 2008.

[5] Akers S. Binary decision diagrams. IEEE Transactions on Computers, 1978, C-27(6): 509-516.

[6] Pnueli A. The temporal logic of programs. Annual Symposium on Foundations of Computer Science, 1977.

[7] Harel D, Marron A, Weiss G. Behavioral programming. Communications of the ACM, 2012(7), 55(7).

[8] Maoz S, Harel D, Kleinbort A. A compiler for multimodal scenarios: Transforming LSCs into AspectJ. ACM Transactions on Software Engineering and Methodology, 2011, 20(4).

[9] Gay D, Levis P, Behren R, et al. The nesC language: a holistic approach to networked embedded systems: Proceedings of Programming Language Design and Implementation, 2003.

[10] Ouyang C, Dumas M, Wohed P. The business process execution language, modern business process automation. Springer, 2010.

[11] Henzinger T A, Sifakis J. The discipline of embedded systems design. COMPUTER, 2007, 40: 36-44.

[12] Branicky M. Introduction to hybrid systems, handbook of networked and embedded control systems. Springer, 2005.

[13] Abdellatif T, Combaz J, Sifakis J. Model-based implementation of real-time applications: Proceedings of the 10th International Conference on Embedded Software, 2010: 229-238.

[14] Reineke J, Wachter B, Thesing S, et al. A definition and classification of timing anomalies: Proceedings of the 6th International Workshop on

Worst-Case Execution Time Analysis, Dresden Germany, July 4, 2006.

[15] Kang E, Jackson E, Schulte W. An approach for effective design space exploration, foundations of computer software: modeling, development, and verification of adaptive systems. Monterey Workshop, Lecture Notes in Computer Science, Springer, 2010.

[16] Mohanty S, Prasanna V K, Neema S, et al. Rapid design space exploration of heterogeneous embedded systems using symbolic search and multi-granular simulation: Proceedings of the Joint Conference on Languages, Compilers and Tools for Embedded Systems, June 19-21, 2002.

[17] Bliudze S , Sifakis J. A notion of glue expressiveness for component-based systems. Lecturer Notes in Computer Science, 2008, 5201: 508-522.

[18] Sifakis J. A framework for component-based construction: IEEE International Conference on Software Engineering and Formal Methods, Koblenz, September 7-9, 2005: 293-300.

[19] Sangiorgi D. Introduction to bisimulation and coinduction. Cambridge University Press, 2011.

[20] Mingsheng Y. Process calculus, in topology in process calculus. Springer, 2001.

[21] Garlan D, Monroe R, Wile D. Acme: an architecture description interchange language: Proceedings of the 1997 Conference of the Centre for Advanced Studies on Collaborative Research. IBM Press, 1997: 169-183.

[22] Magee J, Kramer J. Dynamic structure in software architectures: Proceedings of the 4th ACM SIGSOFT Symposium on Foundations of Software Engineering. ACM Press, 1996: 3-14.

[23] Prasad S, Kumar S. Introduction to operational semantics. The Compiler Design Handbook, 2002.

[24] Fritzson P. Modelica: a cyber-physical modeling language and the open modelica environment: the 7th International Wireless Communications and Mobile Computing Conference, 2011.

[25] Basu A, Bensalem S, Bozga M, et al. Rigorous component-based system design using the BIP framework. IEEE Software, 2011.

[26] Apel S. The new feature interaction challenge: Proceedings of the 11th International Workshop on Variability Modelling of Software-Intensive Systems, 2017.

[27] Elrad T, Filman R, Bader A. Aspect-oriented programming: Introduction. Communication of the ACM, 2001.

[28] Bensalem S, Bozga M, Legay A, et al. Incremental component-based

construction and verification using invariants: the 10th IEEE Conference on Formal Methods in Computer Aided Design, Lugano, Switzerland, October 20-23, 2010: 257-256.

[29] Van Glabbeek R J, Ursula Goltz. Refinement of actions and equivalence notions for concurrent systems. Acta Information, 2001, 37(4/5): 229-327.

[30] Bourgos P, Basu A, Bozga M, et al. Rigorous system level modeling and analysis of mixed HW/SW systems: the 9th IEEE/ACM International Conference on Formal Methods and Models for Codesign, Cambridge, United Kingdom, 2011.

[31] Bensalem S, Bozga M, Quilbeuf J, et al. Optimized distributed implementation of multiparty interactions with restriction: Science of Computer Programming, 2015, 98(2): 293-316.

第 4 章

基于 BIP 的系统设计框架

4.1 BIP 框架介绍

BIP 是一个基于组件的系统设计框架[1]，它支持严密系统设计方法，并提供一种具有严格操作语义的形式化建模语言(BIP 语言)，以及用于系统设计各个阶段的相关工具集，如形式化验证工具、代码自动生成工具等。

BIP 语言采用了基于组件的系统建模方法，其基本思想是通过组合一组简单的原子组件来构建复杂的系统模型。具体来说，BIP 的系统模型(BIP 模型)组合了三个不同的抽象层级，其三层结构如图 4.1 所示。

(1) 最下层：包括一组描述系统功能和行为的原子组件。其中，每个原子组件可以形式化地定义为一个拓展后的有限状态自动机，拓展的内容主要包括端口、数据和函数等。

(2) 中间层：一组描述组件之间行为同步和通信的交互。一个交互可以形式化地定义为一个来自不同组件的端口的集合，BIP 采用连接器(connector)作为多个交互的结构化表示。

(3) 最上层：一组描述组件交互优先级的规则。优先级可用于解决多个交互之间的冲突，以及定义交互的调度策略。

在前面的章节中，我们阐述了基于组件的系统设计框架可以形式化地表示为一组原子组件 $B=\{B_i\}_{i\in I}$ 以及一组胶合算子 $\mathrm{GL}=\{\mathrm{gl}_k\}_{k\in K}$。其中，胶合算子用于将一组(原子)组件转换为复合组件，并以“构造即正确”的方式确保复合组件满足给定的系统属性。在BIP框架中，交互和优先级是两类相互独立的胶合算子，这两类算子是在严密系统设计的理论基础上引入的[2]。一个交互可以表示为一组强同步或弱同步的组件动作的非空子集。优先级则是一类用于约束组件动作或交互的胶合算子，为建模和组合调度策略提供了一个通用框架。

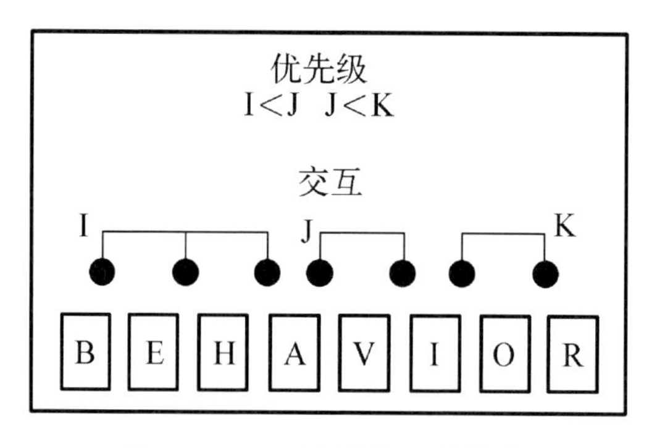

图 4.1 BIP模型的三层结构

BIP框架中行为、交互以及优先级的层次化组合提供了一种通过使用交互和优先级从原子组件(行为)逐步构建复合组件的增量式建模方法。交互和优先级的组合具有许多优势。一方面，这种组合定义了一个简洁、抽象的体系架构，并将其与系统行为区分开来，更重要的是，这种体系架构可以用于证明系统的属性是“构造即正确”的，如无死锁和不变式属性等。另一方面，文献[2]中也证明，由交互和优先级组成的胶合算子集具有较强的表达能力，足以涵盖常用的异构交互机制的描述，这种表达能力是其他语言无法比拟的。此外，我们同样可以证明，交互和优先级构成一个最小的具有通用表达能力的胶合算子集：如果缺少交互或优先级中的任何一个，那么胶合算子集就失去了通用的表达能力。事实上，有些协同问题更适合采用优先级描述，如调度问题；而对于一些其他问题，使用交互有助于得到更简单的解决方案，如数据流问题。如果仅仅使用交互这种胶合算子来描述组件之间的协同，那么可能会得到复杂且冗余的体系架构。

基于 BIP 的严密系统设计流程主要包括应用软件到 BIP 模型的转换，BIP 模型的形式化验证，BIP 模型、硬件运行平台及其映射关系的模型架构集成，抽象系统模型的通信协议集成，性能分析，基于 S/R-BIP（Send/Receive-BIP）的分布式系统模型的代码生成等过程，如图 4.2 所示。

(1) 转换：将领域特定建模语言 L 所描述的应用软件转换为由 BIP 语言所描述的模型，转换原理如图 4.3 所示。首先，将应用软件的组件转换成 BIP 语言所描述的组件，该转换侧重于定义适当的组件接口，并封装应用软件的数据结构和功能；其次，将应用软件组件之间的协同转换为 BIP 模型中的连接器和优先级模型；最后，生成一个描述 L 语言操作语义的 BIP 组件，作为应用软件运行和交互协作的执行引擎，并能够在严格的语义框架中表示应用软件的行为。文献[3]给出了一个从 AADL 模型到 BIP 模型转换的实例。

(2) 模型架构集成：将应用软件的 BIP 模型转换为抽象系统

模型。相较于前者，抽象系统模型不仅需要包括应用软件的行为，还需要包括硬件运行平台的模型，以及应用软件到硬件运行平台的映射关系（如应用软件组件到计算单元的映射关系等）。通过集成所得到的抽象系统模型不仅考虑了硬件运行平台架构的约束，包括物理资源（如总线、存储器和处理器）共享所引起的互斥约束，以及使用这些资源的最佳调度策略等，也考虑了应用软件的 BIP 模型中原子操作的执行时间等约束。

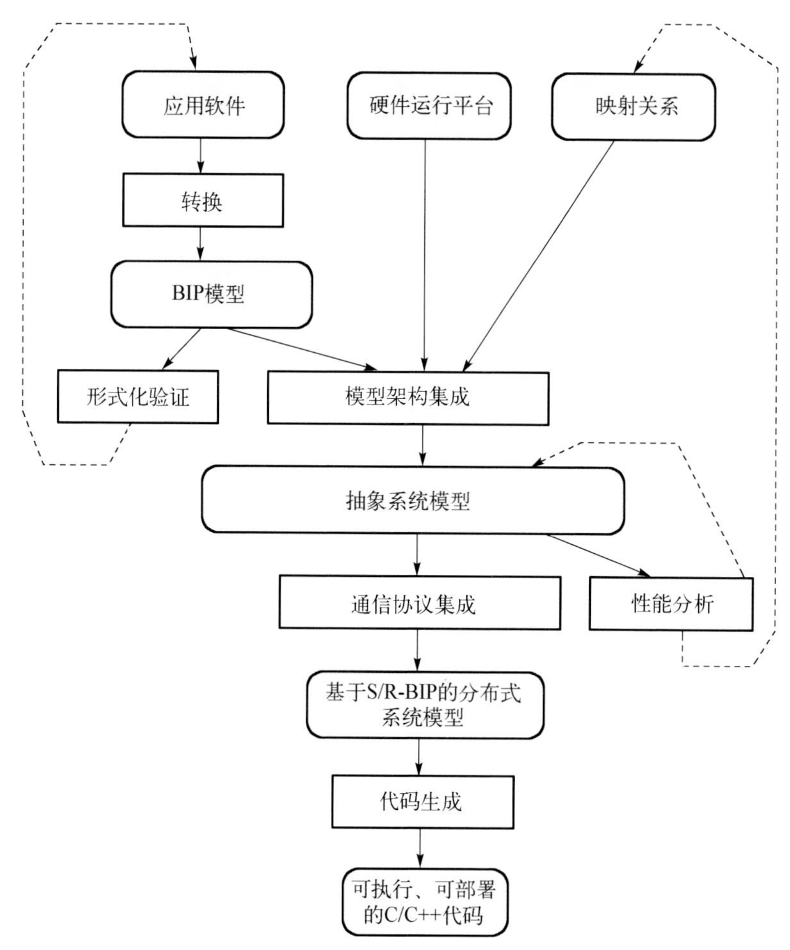

图 4.2 基于 BIP 的严密系统设计流程

(3)通信协议集成：使用硬件运行平台的原子操作和通信原语实现BIP模型中的协同机制(交互算子和优先级算子)，从而实现从抽象系统模型到基于S/R-BIP的分布式系统模型的转换。该转换过程通常涉及使用异步消息传递以及具有全局一致性保证的仲裁器来替换BIP模型中的多方交互。

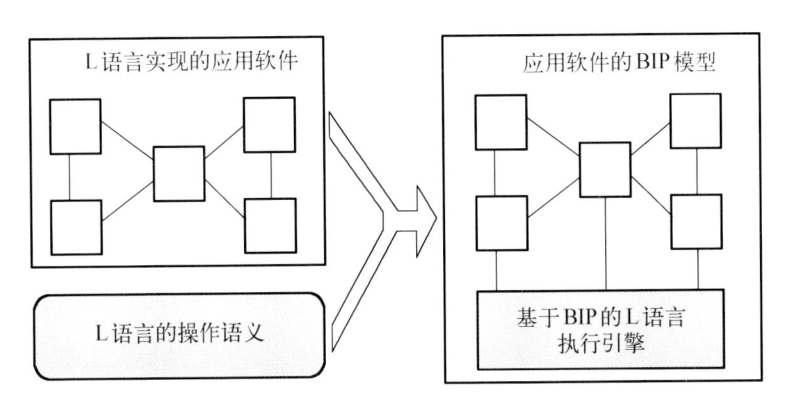

图4.3 应用软件向BIP模型转换的原理示意图

(4)代码生成：实现了从基于S/R-BIP的分布式系统模型自动生成可执行、可部署的C/C++代码，该代码生成过程是基于模型的，即基于硬件运行平台所执行的抽象模型生成可执行代码。此外，该代码生成过程可以叠加使用多种优化技术，包括模型层面的优化以及可执行代码层面的优化等，以减少组件之间不必要的交互协作产生的计算和通信开销，从而得到高效的可执行代码。

为支持上述严密系统设计流程，BIP框架提供了一套具备严格操作语义的形式化建模语言及其工具集，其中包括多种模型转换工具、形式化验证工具和BIP模型到C/C++代码的生成器等。BIP使用统一的形式化语言进行系统建模，BIP模型贯穿在系统设计的各个阶段，以确保系统设计在不同阶段之间的语义一致性，这是BIP方法的一个显著优势。其基本思想是，通过使用模型到模型的自动转换对应用软件模型进行逐步精化，直至得到能够在硬件运行平台运行的可执行代码。可以证明，这些模型转换是“构造即正确”的，即模型转换保持了不同模型之间的观测等价性，因此也就确保了基本安全属性在转换过程中得以保持。此外，模型转换是简洁高效的，其复杂性与模型的大小成线性关系。

为了在系统设计的早期阶段确保系统模型的正确性，BIP采用形式化验证对应用软件模型进行关键属性检测，如不变式和无死锁等。具体地，BIP框架提供了D-Finder工具以实现复合组件的死锁检测[4]，以及BIPChecker工具以实现不变式检测[5-6]。结合上述“构造即正确”的模型转换，我们可以确定，当BIP系统模型满足给定属性时，通过模型转换得到的所有后续模型同样满足该属性。因此，我们能够以最小的成本确保系统设计的“构造即正确”，也克服了传统系统设计方法在不同设计阶段之间使用多种语义无关的语言和模型所造成的正确性分析障碍。

4.2 BIP语言

BIP语言支持基于组件的系统设计范式，它通过原子组件描述系统的功能行为，使用连接器来描述组件之间的交互，借助优先级对可能的交互进行调度。此外，BIP 语言提供了一套用于定义不同类型组件的语法，该语法基于拓展的有限状态机，并采用 C++风格的变量和数据类型声明、表达式和语句。在本节，我们将介绍 BIP 语言的核心概念。关于 BIP 语言的详细使用教程和开发指导手册，请参考官方文档。

4.2.1　原子组件

原子组件（atomic component，简称为 atom）是最简单的非层次化组件，其行为可以通过拓展的自动机来表示。原子组件的形式化定义主要包括以下元素：

（1）变量集合 V：用于存储（本地）数据；

（2）端口集合 $P = \{p_1, p_2, \cdots, p_n\}$：用于与其他组件同步和通信；

（3）位置集合 $S = \{s_1, s_2, \cdots, s_k\}$：表示组件的控制状态；

（4）迁移关系集合 $T = \{t_1, t_2, \cdots, t_m\}$：表示组件可执行的动作或事件。

端口构成原子组件的接口，用于不同组件之间的动作同步以及消息传递。用于消息传递时，端口必须与组件中的数据变量进行关联，表示该变量可通过端口进行访问。每个端口都有一个类型，端口类型的定义使用 port type 关键字，并且可以接受一组变量作为参数(可选)。在以下示例中，我们定义了一个端口类型 simple_type，该端口类型含有一个整数变量参数 param，需要注意的是，param 为形式参数：

```
port type simple_type (int param)
```

端口的声明使用 port 关键字，声明包括端口类型名称，以及与该端口相关联的变量列表(可以为空，表示该端口不进行数据传输)。端口声明还可以使用 export 关键字，表示该端口为导出端口。导出端口可用于与其他组件进行动作同步。例如，以下示例声明了一个类型为 simple_type，且关联了整数变量 x(须为已定义变量)的导出端口 in：

```
export port simple_type in(x)
```

原子组件的行为可以用自动机来表示，其定义主要包括一组位置和迁移关系。位置表示原子组件的控制状态，使用 places 关键字进行声明。例如，以下代码片段声明了两个名为 empty 和 full 的位置：

```
places empty, full
```

迁移关系描述组件从一个位置到另一个位置的执行过程。在 BIP 组件中，迁移关系还关联一个端口、激活条件(该迁移能够被执行的条件)以及执行动作(完成某个计算任务的函数)。具体地，一个迁移关系包括以下要素：

(1) 使用关键字 from 声明的起始位置。

(2)使用关键字to声明的目标位置。

(3)使用关键字provided声明的激活条件。只有在该条件被当前状态满足，即当前状态下的变量取值使得激活条件为真时，迁移关系才能成立。若激活条件为永真(true)，则可以省略该声明。

(4)使用关键字do声明的代码块。在迁移发生时执行该代码块。若无代码执行，则可以省略该声明。激活条件和代码语句均采用C语言风格。为了与迁移关系的原子性假设保持一致，代码块的执行也是原子性的，且一定终止。BIP语言支持在外部C/C++文件中声明使用自定义的数据结构和函数操作。

一个迁移关系(s1，p，gp，fp，s2)表示从位置s1到另一个位置s2的执行过程。如果激活条件gp在当前状态下的取值为 true，则该迁移关系可以被执行。具体的执行过程包括以下两个步骤：

(1)执行端口p参与的交互：这是组件之间的同步，同时也可能进行数据传输；

(2)执行与该迁移关系相关联的动作：这是一个由函数fp指定的内部计算。

我们区分三种类型的迁移关系：

(1)初始迁移：用于定义组件的初始位置和变量的初始值。它没有相关的激活条件，而是在模型初始化期间强制执行。此外，初始迁移相对于其他组件是不可见的，也无法与其他迁移同步。例如，以下代码片段定义了一个初始迁移，将组件的初始位置设置为empty，变量x和y的初始值设置为0：

```
initial to empty do {x: = 0; y: = 0;}
```

(2) 由端口标记的迁移：是对其他组件可见。由导出端口标记的迁移可以与其他组件进行同步。这样的迁移由关键字on声明。例如，以下代码片段定义了一个由端口out标记的迁移，将组件的位置从full变为empty：

```
on out from full to empty do {}
```

(3) 内部迁移对其他组件是不可见的，其优先级高于其他由端口标记的迁移。内部迁移的执行取决于当前的组件状态和相关的激活条件。内部迁移使用关键字internal声明，例如，以下代码片段定义了一个内部迁移，当组件处于START位置并且x! = 0时，组件将执行该迁移，随后组件进入SYNC位置，并执行相关的赋值操作x := f(x)：

```
internal from START to SYNC provided (x! = 0) do { x: = f(x); }
```

BIP支持不确定性迁移关系，当组件在一个位置可以执行多个迁移时，只选择并执行其中一个。图4.4给出了一个原子组件示例，该原子组件的BIP语言描述如下，其中关键字以粗体显示。

```
atom type reactive()
    data int x
    data int y
    export port simple_type in(x)
    export port simple_type out(y)
    places empty, full
    initial to empty do {x: = 0; y: = 0;}
    on in from empty to full provided (0 < x) do {y: = f(x);}
    on out from full to empty do {}
end
```

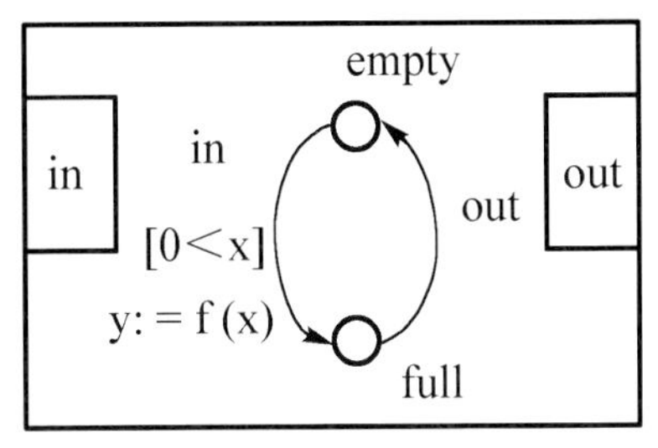

图 4.4　BIP 原子组件示例

原子组件(类型)的定义使用关键字 atom type，紧随其后的是组件名字 reactive 以及参数列表(可能为空)。需要指出的是，BIP 定义了原子类型，原子组件是原子类型的一个实例。为了便于表述，我们不区分原子和原子类型。原子组件的主体由一系列声明组成，包括数据变量声明、端口声明、位置声明和迁移关系声明。数据变量声明使用关键字 data，后跟变量的类型和名称。BIP 中可以使用基本的 C 语言类型。上页的示例声明了两个局部整数变量 x, y 和两个端口 in, out，类型均为 simple_type，以及两个位置，分别为 empty 和 full。两个变量 x 和 y 分别与端口 in 和 out 相关联，因此可以通过相应的端口访问它们。组件的初始位置为 empty，当激活条件 $0 < x$ 满足时，组件将执行由端口 in 标记的迁移，此时，组件将通过执行操作 $y := f(x)$ 来更新 y 的取值。类似地，当组件处于控制位置 full 时，可以进行由端口 out 标记的迁移，省略此迁移的激活条件和函数意味着与之关联的条件始终为真，而内部计算为空。

4.2.2 连接器

在 BIP 框架中，组件之间的协同通过一组交互来实现。连接器是一个无状态的实体，它通过连接导出端口构造组件之间的多方交互。从形式上讲，连接器定义了一组交互，其中每个交互可以由一组来自不同组件的导出端口表示。本质上，一个交互代表导出端口所标记的迁移关系之间的同步。图 4.5(a) 中的示例给出了连接器 C1 的图形表示，该连接器包括来自三个不同原子组件的导出端口 p1, p2, p3，并定义了一个交互(由集合{p1, p2, p3}表示)，该交互表示端口 p1, p2, p3 的强同步。需要注意的是，对于同一个组件，一个连接器最多可以包含一个导出端口，因为在语义上同步同一个组件的多个端口是无效的。

在 BIP 中，连接器定义的交互存在以下两种情况：所有参与的导出端口都同步执行，或者其中一个端口触发执行而不等待其他端口参与。为了描述连接器所定义的可行交互，我们给每个连接的端口关联一个同步类型：触发(trigger)或同步(synchron)。通过这种方式，我们可以表达以下两种基本的同步模式：

(1) 强同步或会合：连接器仅包括同步端口，唯一可行的交互是最大交互。

(2) 弱同步或广播：连接器包括至少一个触发端口，可行的交互是所有包含触发端口的连接端口的非空子集。

考虑图 4.5(b) 中的示例，我们用黑色圆形表示同步端口，用三角形表示触发端口。连接器 C2 包括一个触发端口 p1 和两个同步端口 p2 和 p3 。这种连接器所定义的交互是所有包含触发端口 p1 的交互，即{p1}{p1, p2}{p1, p3}和{p1, p2, p3}。由交互定义的一组端口在运行时进行有效性评估，这取决于所涉及端口的激活条件和组件状态。如果由端口标记的迁移关系是激活的，那么该端口是激活的。在模型运行过程中，可执行的交互仅涉及激活的端口。

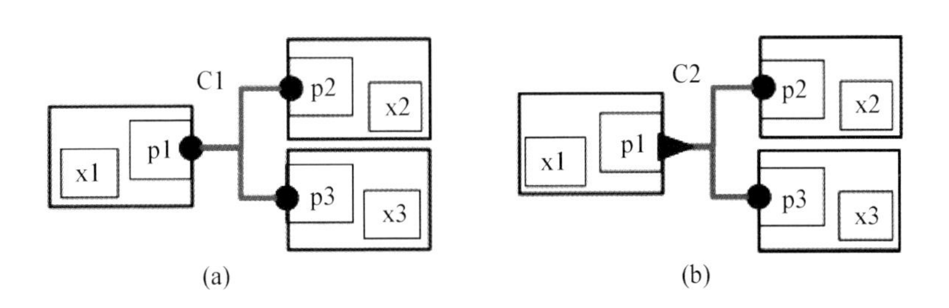

图 4.5　BIP 连接器示例

连接器还可以定义同步组件之间的数据传输，该定义包括激活条件以及描述数据传输的函数两个部分。激活条件是一个布尔表达式，表达式只能使用连接端口所关联的变量。只有当激活条件在当前状态下为true时，才会执行该交互所定义的数据传输。函数可以是任意的无循环C代码，主要用于描述参与交互的组件之间的数据交换。

例如，下面的代码片段定义了两个端口p和q之间含有数据传输的交互，其中端口p(q)与变量x(y)相关联。激活条件通过关键字provided来指定，关键字down指定执行计算并更新与端口关联的变量值的函数。

```
on p q provided (q.y ! = 0) down { tmp : = p.x; p.x : = p.x / q.y;
    q.y : = tmp; }
```

在BIP语言中，连接器类型的定义使用关键字connector type，随后是连接器名称和端口列表。为了便于表述，我们不区分连接器类型和连接器实例。连接器定义的主体包括一组可执行交互及其数据传输。连接器还可以定义用于数据传输函数的过程变量，该变量仅在相关交互执行过程中是有效的。例如，考虑图4.5(a)所示的连接器C1，其BIP描述如下：

```
connector type C1 (simple_type p1, simple_type p2, simple_type p3)
data int tmp
define p1 p2 p3
on p1 p2 p3
    up { tmp : = max (p1.x1, p2.x2, p3.x3); }
    down { p1.x1 : = tmp; p2.x2 : = tmp; p3.x3 : = tmp; }
end
```

上述代码片段定义了一个包含端口 p1、p2 和 p3 的交互，在语义上这是三个端口之间的强同步，图 4.5(a)给出了其图形化表示。该交互同时定义了端口之间的数据传输：首先计算所有相关变量的最大值，然后将该最大值赋值给所有变量。在 BIP 中，数据传输可以有两组函数：up 函数和 down 函数。一般来说，up 函数对应于连接器从组件读取数据，例如，将连接端口的变量值赋值给连接器中的变量值。而 down 函数则相反，组件从连接器读取数据。在本例中，up 函数访问端口的变量，并将最大值暂存在连接器定义的 tmp 变量中。其中，tmp 是一个连接器的本地变量，用于在交互执行期间传递数据，不属于任何组件。一旦选择并执行了某个交互，连接器中的变量首先由 up 函数计算更新，然后通过 down 函数赋值给相应组件。

图 4.5(b)所示的连接器 C2 的 BIP 描述如下，其中，由单引号标记的端口表示触发端口(如 p1′)，其他未标记的端口表示同步端口。该连接器描述了由端口 p1 发起的广播，可执行的交互包括{p1}{p1, p2}{p1, p3}和{p1, p2, p3}。对于每个可行的交互，本地变量 tmp 用于定义从变量 p1.x1 到变量 p2.x2 或 p3.x3 的数据传输。需要注意的是，在 BIP 代码中，我们用 p1.x1 表示端口 p1 关联的变量 x1；而在图形化表示中，我们用 p1(x1)表示这种关联关系，如图 4.6 所示。

```
connector type C2(simple_type p1, simple_type p2, simple_type p3)
    data int tmp
    define p1′ p2 p3
```

```
        on p1 up { tmp = p1.x; } down { p1.x = tmp; }
        on p1 p2 up { tmp = p1.x1; } down { p2.x2 = tmp; }
        on p1 p3 up { tmp = p1.x1; } down { p3.x3 = tmp; }
        on p1 p2 p3 up { tmp = p1.x1; } down { p2.x2 = tmp; p3.x3 =
            tmp; }
    end
```

BIP 没有明确区分输入端口与输出端口。同一个端口既可以作为输入端口，也可以作为输出端口。例如，在上述示例中，端口 p1 的变量 x1 作为输出端口，端口 p2、p3 的变量 x2、x3 作为连接器 C2 的输入端口。

连接器还可以定义并导出端口，用于连接其他组件或连接器，构成分层连接器。考虑图 4.6 所示的连接器 C2′，该连接器定义了一个类型为 simple_type 的导出端口 exp，该端口与变量 tmp 关联。该连接器的定义与 C2 的定义相似，导出端口的附加声明如下：

```
    export port simple_type exp(tmp)
```

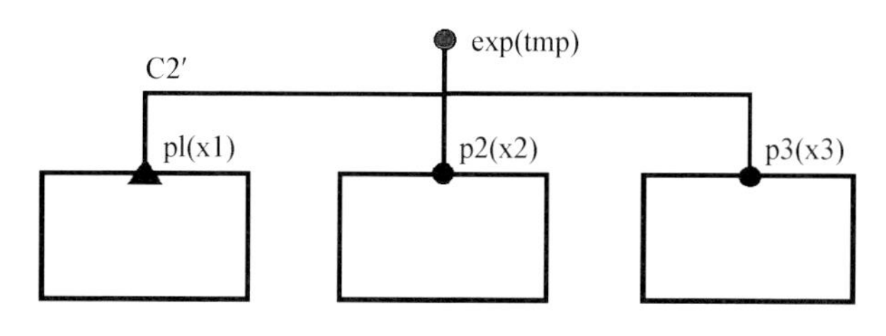

图 4.6 含有导出端口的连接器示例

我们说连接器的导出端口是激活的，当且仅当该连接器存在至少一个激活的交互。基于参与交互的端口的关联变量取值，我们可以计算得到与导出端口相关联的可访问变量的取值。例如，在上述连接器 C2′ 中，假设端口 p1、p2、p3 是激活的，并且每个端口分别具有关联变量 x1、x2、x3，那么，交互{p1，p2，p3}对应的变量 tmp 取值为 max(x1, x2, x3)。

4.2.3 优先级

在 BIP 框架中，优先级即可以定义在行为层面(原子组件中)，也可以定义在交互层面。

在原子组件中，优先级可用于指定迁移关系的调度策略：优先执行具有最高优先等级的端口。需要注意的是，原子组件中用户定义的优先级不适用于初始迁移或内部迁移。内部迁移的优先级默认高于其他由端口标记的迁移的优先级。优先级还可以关联相应的激活条件。以下示例定义了一个优先级规则 TPriority。其中，端口 q 标记的迁移比端口 p 标记的迁移具有更高的优先级，该迁移的激活条件是变量 x 等于 0：

```
priority TPriority p < q provided (x = 0)
```

优先级还可以用于定义交互的调度策略。这里的优先级规则与迁移关系之间的规则略有不同，它的主要形式为γ1 < γ2，其中，交互γ1 与γ2 的形式主要包括以下三种之一：

(1) C: A1.p1, A2.p2, ⋯ , An.pn：其中 C 是连接器，A1,

A2,⋯, An 是组件，A1.p1, A2.p2,⋯, An.pn 是一组端口，对应于连接器 C 定义的一个交互；

(2) C: *：其中 C 是连接器，*表示 C 定义的所有可行交互；

(3) *: *：表示所有连接器的所有可行交互。

交互的优先级规则还可以包括由关键字 provided 声明的激活条件。只有当激活条件为 true 时，相应的优先级规则才是可行的。激活条件是参与交互的组件的变量所构成的布尔表达式。以下代码片段声明了一个名为 IPriority 的优先级规则，当激活条件 g 满足时，交互γ2 高于交互γ1 的优先级：

```
priority IPriority provided(g) γ1 < γ2
```

为了避免死锁，我们要求所有优先级规则的传递闭包构成一个偏序(partial order)。如果在给定状态下，激活的优先级规则的传递闭包形成一个循环，那么该状态不能执行任何交互。

注意，BIP 的操作语义定义了一个隐式的“最大”优先级规则：如果在同一状态下，两个交互同时激活，那么较大的交互具有较高的优先级。

4.2.4 复合组件

复合组件是基于原子组件、连接器和优先级所构建的一类复杂组件。与原子组件类似，复合组件也可以导出端口，该端口为复合组件所包含的原子组件的端口或连接器的端口。导出端口构成了复合组件的接口。在这个意义上，无论其内部结构如何，复合组件及原子组件都可以以相同的连接方式构建更加复杂的组件。

复合组件的定义采用关键字 compound type，后跟其名称和可选参数列表。具体地，复合组件的定义由以下元素组成：

(1) 由关键字 component 声明的一组（原子或复合）组件；

(2) 由关键字 connector 声明的一组连接器；

(3) 由关键字 priority 声明的一组优先级规则；

(4) 由关键字 export 声明的一组导出端口，复合组件可以导出包含组件的端口以及连接器的端口。

图 4.7 给出了一个复合组件示例。其中，组件 r1、r2、r3 为图 4.4 给出的原子组件类型的实例。相应的 BIP 代码如下：

```
connector type type1 (simple_type p1)
    define p1
    on p1 up { } down { }
end

connector type type2 (simple_type p1, simple_type p2)
    define p1 p2
    on p1 p2 up { } down { p2.x : = p1.y ;}
end
```

```
compound type System()
    component reactive r1(), r2(), r3()
    connector type1 C1(r1.in)
    connector type2 C2(r1.out, r2.in)
    connector type2 C3(r2.out, r3.in)
    connector type1 C4(r3.out)
    priority P1 C1: r1.in < C3: r2.out, r3.in
    priority P2 C1: r1.in < C4: r3.out
    priority P3 C2: r1.out, r2.in < C4: r3.out
end
```

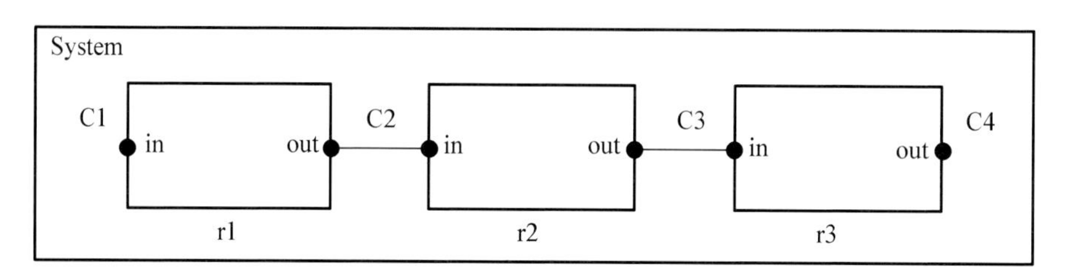

图 4.7　复合组件示例

原子组件之间的交互通过四个连接器定义，这四个连接器包括类型为 type1 的连接器 C1、C4，以及类型为 type2 的连接器 C2、C3。此外，三个优先级规则用于定义以下调度策略：当连接器 C1 有输入时，输入数据将被依次处理和传递，最终由连接器 C4 输出。

如前所述，复合组件也可以通过与原子组件类似的方式导出端口和变量，这就允许我们构建复杂的分层组件。复合组件的端口的激活条件取决于相应的原子组件或连接器端口的状态。图 4.8 所示为含有导出端口和变量的复合组件示例，

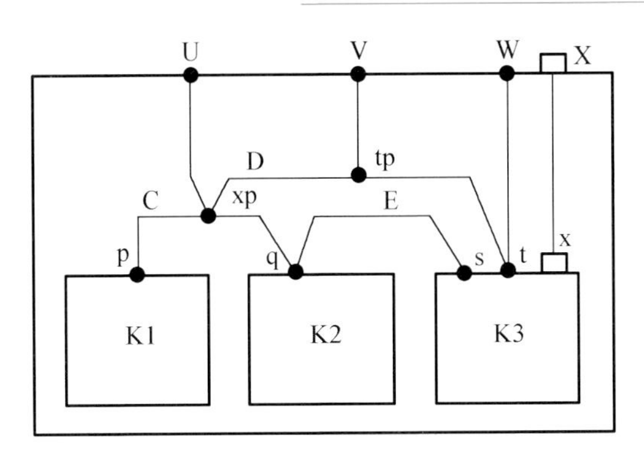

图 4.8　含有导出端口和变量的复合组件示例

其 BIP 语言描述如下（假设已知原子组件类型 CompType1、CompType2、CompType3 和连接器类型 ConnType1、ConnType2、ConnType3 的定义）：

```
compound type Compound()
    component CompType1 K1()
    component CompType2 K2()
    component CompType3 K3()

    connector ConnType1 C(K1.p, K2.q)
    connector ConnType2 D(C.xp, K3.t)
    connector ConnType3 E(K2.q, K3.s)

    export port C.xp as u
    export port D.tp as v
    export port K3.t as w

    export data K3.x as x
end
```

连接器的端口C.xp、D.tp，以及原子组件的K3.t分别导出为复合组件的端口u、v、w。一个端口可以连接多个连接器，例如，组件K2的端口q同时连接到连接器C和E上。导出端口还可以连接到其他连接器上，例如，连接器C的导出端口xp通过连接器D与组件K3的端口t相连接。

4.3 BIP编译器与引擎

4.3.1 BIP操作语义

在本节中，我们定义了BIP模型的操作语义。为便于表述，我们考虑没有多层组件嵌套的平坦模型。文献[7]中已经证明，分层嵌套模型通过使用一系列模型到模型的转换，可以转换为一个等价的平坦模型。操作语义由标签迁移系统(Labeled Transition System，LTS)给出。下面，我们简要介绍标签迁移系统的概念：

标签迁移系统的形式化定义由三元组TS = (Q, L, R)表示，其中，Q是系统的状态空间(可能是无限的)，L是一组标签(动作)，R是一组迁移关系，每个迁移关系都由一个动作标记。给定两个状态q，$q' \in Q$和一个标签$l \in L$，当$(q, l, q') \in R$时，我们说标签l表示的动作在状态q中是激活的。

基于 4.2.1 节的介绍，我们用四元组 $B = (V, S, P, T)$ 表示一个 BIP 原子组件，其中 $S = \{s_1, s_2, \cdots, s_k\}$ 是位置集合，V 是变量集合，P 是端口集合，T 是迁移集合。我们用 $\mathbf{V}$ 表示集合 V 中的变量的所有可能取值集合。假设 $\mathrm{TS}_B = (Q_B, L_B, R_B)$ 是组件 B 对应的标签迁移系统，其状态空间为位置空间和变量取值空间的乘积，即 $Q_B = S \times \mathbf{V}$。标签集合 L_B 为原子组件中定义的端口集合，即 $L_B = P$。迁移关系 R_B 通过以下方式进行定义：给定位置为 s 和变量取值为 $\mathbf{v}$ 的状态 $q = (s, \mathbf{v})$，如果存在从 s 开始的激活的迁移关系 $t \in T = \{t_1, t_2, \cdots, t_k\}$, $t = (s, p, g, f, s')$，那么存在一个迁移关系 $(q, l, q') \in R_B$，其中 $l = p$，$q' = (s', f(\mathbf{v}))$。为表述方便，我们用 $q \xrightarrow{l} q'$ 表示迁移关系 $(q, l, q') \in R_B$。

给定一组原子组件 $\{B_i\}_{i\in[1,n]}$，其中每个组件由 $B_i = (V_i, S_i, P_i, T_i)$ 表示，我们将交互 γ 表示为所有组件端口集合的子集，即 $\gamma \in P_1 \cup P_2 \cup \cdots \cup P_n$。在不失一般性的情况下，我们假设所有集合 P_i 都是不相交的，并且每个交互最多包含 P_i 的一个端口。

交互模型 Γ 是一组交互。优先级模型 Π 是交互模型上的偏序关系。给定两个交互 γ 和 γ'，当 γ' 具有比 γ 更高的优先级时，我们用 $\gamma' > \gamma$ 表示，即 $(\gamma, \gamma') \in \Pi$。

我们用三元组 $\mathrm{CB} = (\{B_i\}_{i\in[1,n]}, \Gamma, \Pi)$ 表示一个复合组件。其中，$\{B_i\}_{i\in[1,n]}$ 为一组原子组件，Γ 为交互模型，Π 为优先级模型。假设 $\mathrm{TS}_i = (Q_i, L_i, R_i)$ 为组件 B_i 的标签迁移系统，复合组件 CB 的标签迁移系统由元组 $\mathrm{TS}_{\mathrm{CB}} = (Q_{\mathrm{CB}}, L_{\mathrm{CB}}, R_{\mathrm{CB}})$ 定义，其中：

(1)系统状态：由每个原子组件的状态空间组成，即 $Q_{\mathrm{CB}} = Q_1 \times Q_2 \times \cdots \times Q_n$；

(2)标签集合：$L_{\mathrm{CB}} = \Gamma$；

(3)转换关系：R_{CB} 由以下语义规则定义：

$$\frac{\gamma \in \Gamma;\ \gamma \neq \varnothing;\ q_i \xrightarrow{\gamma \cap P_i} q_i' (\forall i.\gamma \cap P_i \neq \varnothing);\ q_j' = q_j (\forall j.\gamma \cap P_j = \varnothing);\ \nexists \gamma' \in \Gamma.\gamma' > \gamma}{(q_1, q_2, \cdots, q_n) \xrightarrow{\gamma} (q_1', q_2', \cdots, q_n')}$$

根据上述规则，存在一个由交互 γ 标记的迁移 $((q_1, q_2, \cdots, q_n), \gamma, (q_1', q_2', \cdots, q_n')) \in R_{\mathrm{CB}}$，当且仅当以下条件同时满足：

① 参与交互 γ 的原子组件 $(\gamma \cap P_i \neq \varnothing)$ 能够执行相应的迁移 $(q_i, \gamma \cap P_i, q_i')$；

② 其他所有不参与交互 γ 的原子组件 $(\gamma \cap P_i = \varnothing)$ 将保持当前组件状态；

③ 当前状态不存在更高优先级 $(\gamma' > \gamma)$ 的激活的交互 γ'。

考虑图 4.9 中的 BIP 模型，它由三个原子组件以及四个交互组成，原子组件从左到右分别用 B_1，B_2，B_3 表示，交互为 $\{b_1, b_{12}\}$，$\{f_1, f_{12}\}$，$\{b_2, b_{12}\}$，$\{f_2, f_{12}\}$。该模型未定义优先级模型。给定状态 $(B_1.\mathrm{sleep}, B_2.\mathrm{free}, B_3.\mathrm{sleep})$，有两个激活的交互，即 $\{b_1, b_{12}\}$，$\{b_2, b_{12}\}$，每个交互分别对应一个后继状态。例如，执行交互 $\{b_1, b_{12}\}$，可以通过以下规则移动到下一个后继状态 $(B_1.\mathrm{work}, B_2.\mathrm{taken}, B_3.\mathrm{sleep})$：

$$\frac{B_1.\text{sleep}\xrightarrow{b_1}B_1.\text{work}\quad B_2.\text{free}\xrightarrow{b_2}B_2.\text{taken}}{(B_1.\text{sleep},\ B_2.\text{free},\ B_3.\text{sleep})\xrightarrow{(b_1,b_{12})}(B_1.\text{work},\ B_2.\text{taken},\ B_3.\text{sleep})}$$

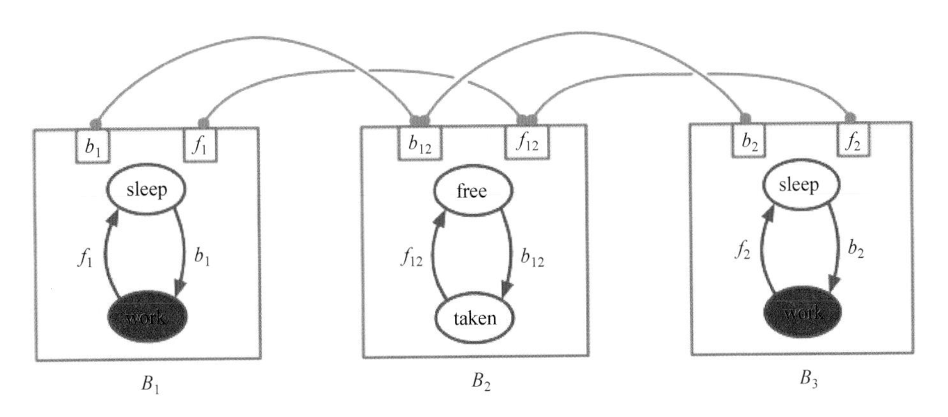

图 4.9　BIP 模型示例

标签迁移系统定义了组件所有可能的执行序列。每个序列都可以视为一个从初始状态开始的迁移关系或交互的序列。交互的执行对应于多个原子组件的相关迁移关系的同步执行。由于不同原子组件内部的变量和位置是相互独立的，因此由交互执行产生的状态与原子组件的迁移关系的执行顺序无关。

4.3.2　BIP 编译器

BIP 模型的编译过程包括以下步骤：首先，编译器前端读取 BIP 模型源码并生成模型的内部表示；然后，编译器中端对模型的内部表示执行某些修改操作，如模型优化等；最后，编译器后端生成编译结果，如 C++源代码。因此，BIP 编译器（见

图 4.10）由以下三部分组成：

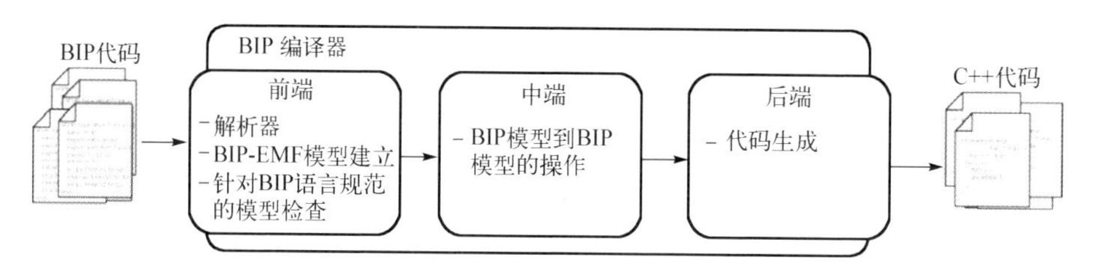

图 4.10　BIP编译器

（1）前端：与编译器的用户进行交互，读取输入，即 BIP 模型代码和相关命令行参数，并将其转换为中间表示形式。当前的前端包含 BIP 语言的解析器和描述中间表示形式的 BIP 元模型。BIP 元模型所表示的 BIP 模型的实例称为 BIP-EMF 模型，即使用 Eclipse 建模框架（Eclipse Modeling Framework，EMF）表示的 BIP 模型。

（2）中端：对模型的内部表示执行修改操作，如优化和架构转换等。

（3）后端：基于模型的内部表示，即 BIP-EMF 模型，生成目标语言的源代码。目前，BIP 框架使用的后端主要是面向 C++的代码生成后端。

4.3.3　BIP 引擎

由编译器生成的源代码可以看作 BIP 模型的另外一种表示

形式。为了执行从 BIP 模型生成的 C++代码，我们需要将该代码与 BIP 引擎关联，以构建完整的可执行程序。BIP 引擎实现了 BIP 语言的操作语义，可以理解为用于调度 BIP 模型的执行序列的运行时支撑工具。

通常，BIP 引擎可以完成以下一个或多个主要目标：

(1) 模型行为模拟：在主机上完成单个执行序列的计算，以模拟模型的行为。在这种情况下，模型的时间是逻辑时钟。

(2) 模型行为遍历：在主机上完成多个执行序列的计算。执行序列可能并不完备，只能实现部分行为空间覆盖，但足以完成特定属性验证或统计模型检测。

BIP 引擎有三种类型，包括参考引擎、优化引擎和多线程引擎：

(1) 参考引擎：主要用于计算所有可能的激活交互序列，以及(随机)选择并执行其中一个序列。参考引擎还提供了一个选项，用来支撑模型中所有执行序列的遍历。

(2) 优化引擎：在参考引擎的基础上实现了某些优化，在执行时间和内存利用等方面提高了运行时的性能，例如，使用迭代而不是递归，对短函数使用内联函数以消除函数开销，通过引用而不是通过值传递结构，等等。

(3) 多线程引擎：能够进一步提高在多核平台上运行时的性

能，不支持任何遍历模式，只能执行交互序列。它基于部分状态实现交互的并行执行，同时保证交互始终满足全局状态语义。不过，它的测试版是实验性的，不如参考引擎和优化引擎成熟。

4.4 案例：Dala自主机器人

4.4.1 自主机器人功能需求建模

本节通过一个案例分析，阐述如何使用BIP框架实现基于Dala架构[8]的自主机器人功能建模以及控制器的快速原型化[9]。此外，我们还将阐述在该框架下如何实现机器人控制器的“构造即正确”。

Dala架构是一种自主机器人软件架构(见图4.11)，旨在实现具有不同时间约束和不同数据结构的程序的集成。该架构将机器人软件分解为三个主要层次：

(1)决策层：制订任务规划(可使用经典任务规划器)，监控其执行过程，同时对功能层的事件做出响应。

(2)执行控制层：位于决策层和功能层之间，根据自定义的安全约束和规则，控制任务规划的正确执行，并对功能模块可能出现的意外事件做出响应；

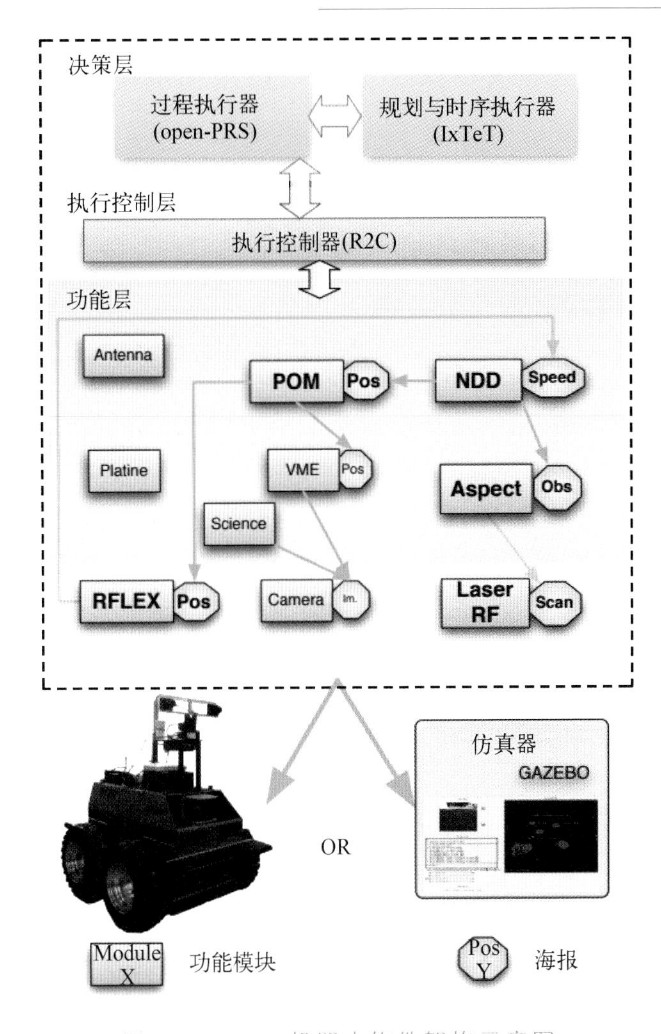

图 4.11　Dala 机器人软件架构示意图

(3) 功能层：将机器人的基本功能(如图像处理、避障、运动控制等)封装到独立的模块中，每个模块提供可由决策层根据当前任务使用的服务和数据；

图 4.11 描述了机器人功能层的数据处理流程。例如，Laser

RF模块获取激光测距仪的数据，并将其存储在Scan报文中；Aspect模块根据该报文数据构建障碍物地图，并形成Obs报文；导航模块NDD利用Obs报文数据以及POM模块生成的当前位置数据Pos，规划机器人路线并计算参考数据，确保机器人能够到达给定目标位置并避开障碍物；RFLEX模块使用该参考速度，控制机器人车轮的转速并计算里程计位置，后者供POM模块生成当前位置。

我们将上述机器人功能模块建模为BIP组件，并通过添加BIP交互模型，得到完整的系统功能模型，也就是基于BIP的应用软件模型。该BIP模型可用于生成执行控制层的控制器，实现对各个功能模块内部行为以及各个功能模块之间交互的协同控制。

基于组件的建模方法将系统功能层视为一个具有层次结构的实体。每个功能逐步分解为多个原子组件。BIP中模块的功能分解和设计包括以下两个步骤。

第一步，将系统功能分解为独立的功能模块，每个模块对应一个原子组件。系统功能模块的层次结构构成了一个树形结构，根节点对应系统的顶层功能，叶节点对应原子组件。具体地，我们提出以下分解方法：

Functional level :: = (Module) +
Module :: = (Service) + . (Control Task) . (Poster) +
Service :: = (Execution Task) . (Activity)
Control Task :: = (Timer) . (Scheduler Activity)

其中，符号“+”表示组件的个数为一个或多个，符号“.”表示组件的顺序组合。系统功能模块的组件化视图如图4.12所示。根据外部的服务请求，一个模块可以执行多个服务(由多个Service组件构成)。Service组件进一步由多个Control Task组件和Poster组件组成。功能模块还可以使用报文(由Poster组件表示)发送和共享数据。

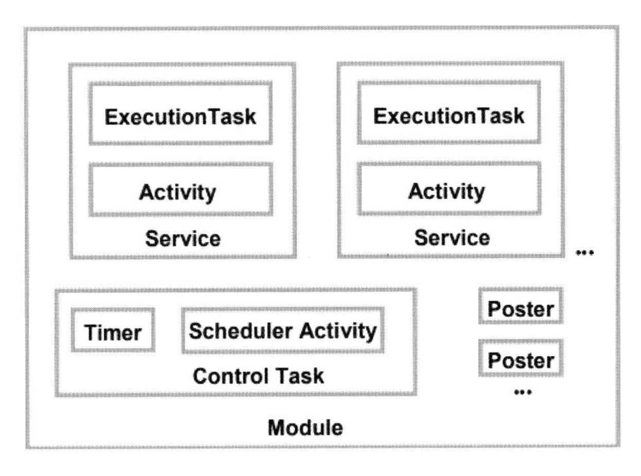

图4.12 系统功能模块的组件化视图

第二步，对组件进行建模，原子组件描述了系统的基本功能，复合组件通过使用连接器和优先级，将多个原子组件进行组合，从而实现对复杂功能的描述。例如，描述通用服务的复合组件包括执行任务和活动的原子组件以及它们之间的连接器，如图4.13所示。

左侧的原子组件表示服务的执行任务，它通过触发端口启动，然后检查服务请求参数的有效性。根据检查结果，将拒绝

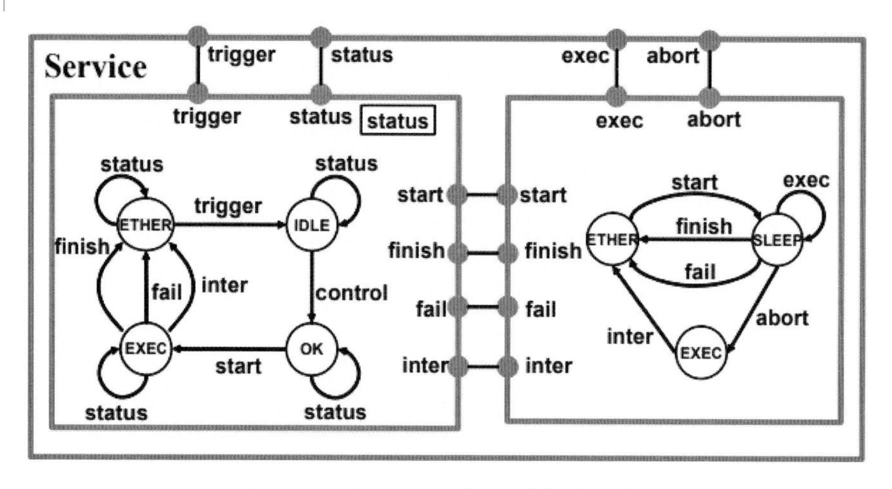

图 4.13　描述通用服务的复合组件

服务请求或通过与活动组件(右侧原子组件)同步来启动服务。任务的状态可以通过端口进行获取。随后，活动组件将等待执行(在 exec 端口与控制任务组件同步)，执行结果为完成、失败或中止。每个迁移(control、start、exec、fail、finish 和 inter)都能够调用外部函数。

完整的机器人功能模型超出了本书的范围，们通过对 NDD 功能模块建模来阐述基本思路。NDD 功能模块主要提供六种服务，分别为导航算法参数初始化(SetParams、SetDataSource 和 SetSpeed)，启动和终止给定目标的路径计算(GoTo 和 Stop)以及一个 Permanent 服务。NDD 功能模块的 BIP 模型如图 4.14 所示，其中包括所有组件及其连接器。控制任务的周期性执行过程由左下角的原子组件进行同步，该组件交替执行休眠和触发迁移。在一个周期内，服务组件通过与控制任务组件同步，完成相应动作的执行。

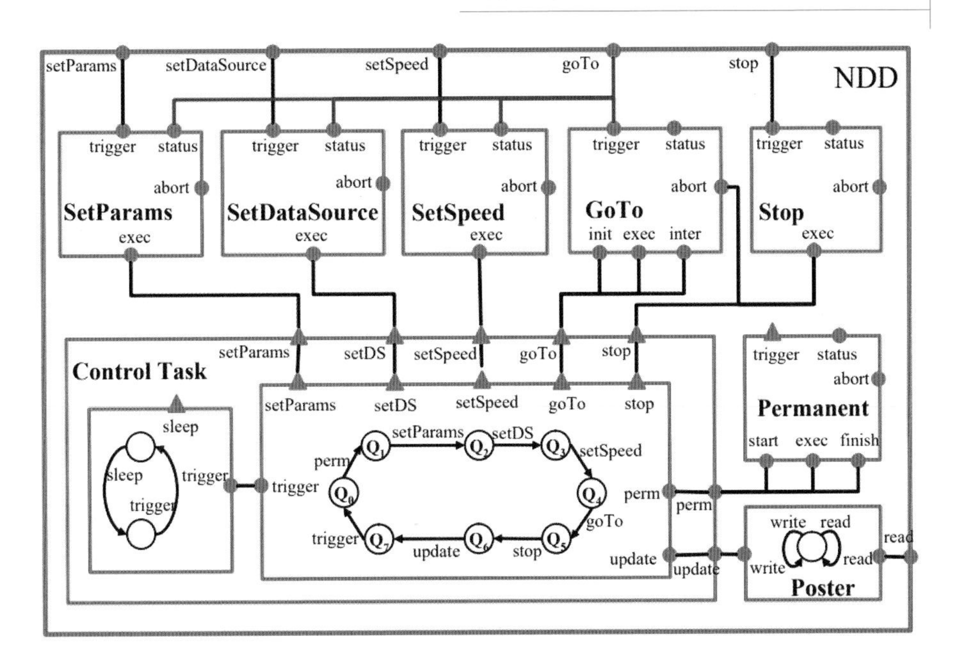

图 4.14　NDD 功能模块的 BIP 模型

该架构中每个功能模块有一个服务接口，用于从决策层接收请求并返回结果。在 BIP 模型中，每个功能模块(如 NDD)都有一个额外的组件来接收请求，并将其与模块的相应端口(如 NDD 端口)同步。因此，决策层发送的请求由功能组件接收，而在服务完成后由功能组件发送报告给决策层。事实上，决策层不需要任何修改就可以使用 BIP 模型。

此外，BIP 框架支持复杂交互关系的建模：①中断，例如，我们通过端口 Stop.exec 和 GoTo.abort 之间的连接器，表示 GoTo 算法将在服务停止的时候被中断；②条件约束，通过 GoTo 连接器，可以描述只有当 SetParams、SetSpeed 和 SetDataSource 完成时(通过表示其状态的端口获得)才能启动服务 GoTo。

完整的功能层包含八个不同的模块，其功能分别为从激光传感器收集数据(LaserRF)、生成障碍物地图(Aspect)、导航(NDD)、机器人车轮的底层控制器(Rflex)、轨道器的通信中介(Antenna)、机器人的电力和能量供给(Battery)、低温环境中的机器人自热(Heating)、摄像头的移动控制(Platine)。整个功能层的 BIP 模型构成一个复杂的分层模型。考虑 NDD 模块，它含有 117 个连接器和 27 个原子组件，共有 5343 行 BIP 代码，调用的外部函数总计 51653 行 C/C++代码。整个功能层模型共有 268 个原子组件和 1141 个连接器。整个模型有 37294 行 BIP 代码，调用的外部函数约有 279818 行 C/C++代码。

4.4.2 基于模型的代码生成

最初的 Dala 架构使用一个集中式请求报告控制器(Request and Report Controller，R2C)来控制服务的执行过程，确保相应的安全性约束得到满足。相反，我们在 BIP 模型中对每个服务使用单独的控制器。安全性约束是通过控制器之间的连接器来实现的。不同服务的控制器之间的依赖关系由含有激活条件的连接器进行建模，这些连接器表示某些有效的执行条件或安全规则。这些通过连接器组合起来的本地控制器在语义上与集中式请求报告控制器是等效的。

例如，我们需要在NDD模块和POM模块之间强制执行一个约束条件：只有当模块POM已经成功执行其服务并更新报文Pos时，机器人才能使用NDD模块的GoTo服务进行导航。该约束条件可以通过GoTo服务的触发端口和Run服务的状态端口之间的连接器进行描述。Run服务成功运行后，将更新服务的状态信息，并通过上述连接器同步给GoTo服务。

为了执行BIP模型，我们首先使用BIP工具链生成C/C++代码，这些代码可以进一步与BIP引擎关联，得到可执行程序。源代码中包含了对外部库函数的调用，这些库函数执行机器人的基本功能。具体而言，我们生成了NDD模块的代码，并与其他决策控制层集成，然后在Dala机器人的仿真环境中运行了该代码。

4.4.3　形式化验证

BIP框架提供了相关工具，实现系统的仿真测试和形式化(组合)验证。具体来说，我们验证了以下两类属性：

(1)功能安全属性：确保系统在运行过程中不会出现意外情况。为了验证这些属性，我们采用基于运行时监控器的方法，基本思路如下：对于给定的系统模型和安全属性，我们为安全属性构造一个监控器，本质上，这是一个监控系统模型行为并反馈安全属性反例的自动机。

验证过程中首先组合系统模型和监控器模型，然后遍历全局系统的状态空间。这种方法已用于验证 NDD 模块的时间属性：一个周期内所有服务调用的时间开销不能超过给定的上限值。

在 BIP 框架中，通过在每个实时组件中使用时钟端口和时钟变量，可以对时钟进行符号化建模。不同组件的时间同步是通过所有时钟端口的强同步实现的。时钟变量周期性递增，以模拟系统运行时间。图 4.15 展示了用于验证 NDD 模块时间属性的监控器组件，它具有时钟变量 c 和表示控制任务周期的参数 p，控制任务组件同步，并记录由控制任务触发的服务的时间开销，如果该时间超过周期 p，监控器将进入指定的 ERROR 状态。在状态遍历过程中，如果 ERROR 状态是可到达的，则说明系统存在违反该属性的行为。

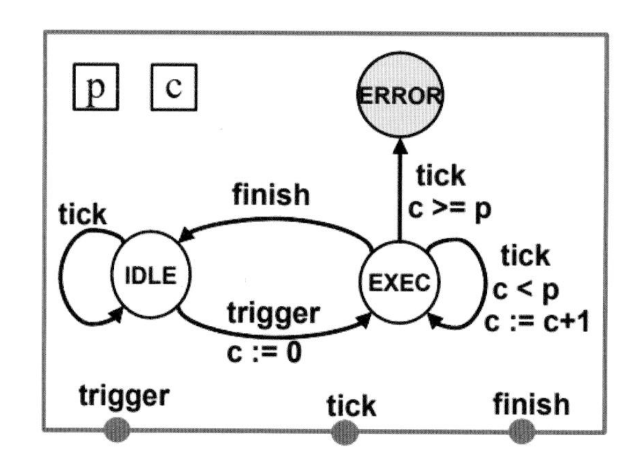

图 4.15　验证 NDD 模块时间属性的监控器组件

这种方法还可以用于验证多个模块之间的时间属性。例如，图4.11所示的处理流程是关于避障的：将激光检测到的障碍物添加到Aspect地图中，后者被NDD模块用于计算RFLEX参考速度，以控制机器人运动。我们可以验证以下时间属性：障碍物检测与机器人减速这两个服务之间的时间差应该少于给定时间(取决于当前机器人的速度)，以确保机器人运动的安全性。

(2)无死锁属性：表示系统在运行过程中具备持续执行某些动作的能力，即系统不会进入死锁状态。BIP框架提供了一个死锁检测工具，通过对BIP模型进行静态分析来检测是否存在死锁状态[7]。直观上说，该工具读入一个BIP模型，生成一个控制依赖关系图，并为该图中的每个循环生成一个布尔公式，然后由可满足性求解器检查公式的可满足性。若公式存在可满足的解，则表明系统存在潜在的死锁状态。我们采用该方法对NDD模块进行了死锁分析，成功验证了其无死锁性。

参考文献

[1] Basu A, Bensalem S, Bozga M, et al. Rigorous component-based system design using the BIP framework. IEEE Software, 2011.

[2] Bliudze S, Sifakis J. A notion of glue expressiveness for component-based

systems: Proceedings of the 19th International Conference on Concurrency Theory, LNCS 5201, Springer, 508-522.

[3] Chkouri M Y, Robert A, Bozga M, et al. Translating AADL into BIP — application to the verification of real-time systems: models in software engineering, 2008, Lecture Notes in Computer Science, vol 5421. Springer, Berlin, Heidelberg.

[4] Bensalem S, Bozga M, Sifakis J, et al. Compositional verification for component-based systems and application: Proceedings of the 6th International Symposium on Automated Technology for Verification and Analysis, LNCS 5311, Springer, 2008:64-79.

[5] Simon B, Cimatti A, Jaber M, et al. Formal verification of infinite-state BIP models: Proceedings of the 13th Inter- national Symposium on Automated Technology for Verification and Analysis, 2015.

[6] Konnov, Igor V, Kotek T, et al. Para- meterized systems in BIP: design and model checking: Proceedings of the 27th International Conference on Concurrency Theory, 2016.

[7] Bonakdarpour B, Bozga M, Jaber M, et al. From high- level component-based models to distributed implementations: Proceedings of the 10th ACM International Conference on Embedded Software, 2010.

[8] Alami R, Chatila R, Fleury S, et al. An architecture for autonomy.

International Journal of Robotics Research, Special Issue on Integ- rated Architectures for Robot Control and Programming, 1998 , 17(4).

[9] Basu A, Gallien M, Lesire C, et al. Incremental component-based construction and verification of a robotic system: Proceedings of the 18th European Conference on Artificial Intelligence, IOS Press, 2008: 631-635.

第 5 章

自主系统的设计方法

5.1 自主系统的内涵

本章首先阐述自主系统的功能架构，并指出自动化系统和自主系统的本质差异，以及从自动化系统向自主系统转变的主要技术挑战；然后提出一种面向自主系统的混合设计方法，以实现数据驱动的AI方法和模型驱动方法的有效集成。

5.1.1 自主系统的功能架构

自主系统的功能架构解释了系统自主性的实现方式。我们认为自主系统的功能架构主要包括五个模块：感知(perception)、理解(reflection)、规划(planning)、目标管理(goal management)与自学习(self-learning)。

(1)感知功能模块：采集外部环境的感知信息(如图像、信号等)，并通过必要的数据处理和分析来确定这些信息所涉及的对象以及它们之间的关系。内部信息主要包括车辆的动力学特征，如加速度等。当前，感知功能通常采用深度神经网络来实现。

(2)理解功能模块：基于感知信息构建外部环境的抽象模型。该模型一方面刻画了外部环境的状态，如障碍物的位置、车辆的动力学属性和运动状态等；另一方面还包括了描述受控车辆及其周围障碍物状态变化的动作。该模型需要在系统运行过程中进行实时更新，从而尽可能准确地反映外部环境状态的动态变化过程。

(3) 规划功能模块：补充完善目标管理功能模块，并决定了系统的行为策略。对于选定的目标，规划功能模块计算一系列行为指令，并将其作为执行器的输入，执行器通过执行相应的动作来实现这些指令。例如，对于防碰撞的安全性目标，该模块通过计算车辆的制动、加速和方向角度等参数来控制车辆运动。更一般地，对于每种车辆的机动行为，规划功能模块都需要给出适当的行为策略来实现选定的目标。

(4) 目标管理功能模块：从一组预定义的目标中选择与环境的抽象模型相关的目标子集。系统的目标分为预防性目标和可实现目标。其中，预防性目标关注的主要是避免系统达到不期望的状态，例如，防碰撞是一类避免车辆达到碰撞状态的预防性目标。可实现目标关注的主要是期望状态或条件的可满足性，如关于乘客舒适度和燃油消耗量的优化目标以及特定位置的可达性目标等。此外，我们还区分短期目标、中期目标和长期目标。短期目标的例子有防碰撞等安全性目标，中期目标包括控制车辆以完成超车或通过十字路口等，长期目标包括完成预定行程等。实时的目标选择对系统自主性至关重要。通常目标选择具有较高的计算复杂度，其计算时间开销需要满足实时响应要求。

(5)自学习功能模块：用于管理和更新知识。知识更新需要生成新的知识，后者主要来源于：①感知功能模块通过对外界环境感知数据的积累而产生的新知识；②为适应外界环境变化而产生的新目标。事实上，自学习是人类智能的一个关键特征，例如，从未在雪地上驾驶过车辆的人也可以通过尝试各种驾驶策略，并依据车辆的反馈来调整自己的驾驶行为，从而完成驾驶任务。当前，自主系统的自学习能力仅限于参数优化，尚无法产生新知识或新目标。

此外，自主系统功能架构还包括一个用于知识(如环境感知信息)存储、识别和管理的知识库(knowledge repository)。自主系统涉及的知识涵盖了外界环境中所有相关对象及其属性的概念。例如，在自动驾驶系统中，“汽车”“行人”和“交通灯”等是系统感知和理解外部环境所必需的概念。每个对象概念在知识库中都关联了相关的特征属性信息，如特定类型汽车的最大速度和加速度等，这些特征属性有助于提升自主系统感知决策等行为的可预测性。

图5.1给出了自动驾驶系统的功能架构。自动驾驶系统的内部环境是受控车辆，外部环境包括三辆环境车辆、一个行人和一个交通灯。自动驾驶系统首先感知和处理环境态势信息，包括相关的内部环境和外部环境信息，通过决策规划单元计算得到车辆的控制命令，并向执行器发布相应的指令，后者得到改变环境状态的车辆动作。在该示例中，来自外部环境的感知信息包含三辆汽车、一个行人和一个交通灯，以及它们的位置和运动状态等

信息。需要注意的是，为了确保目标的可实现性以及控制的实时性，这些控制命令必须在车辆动力学所允许的范围内。

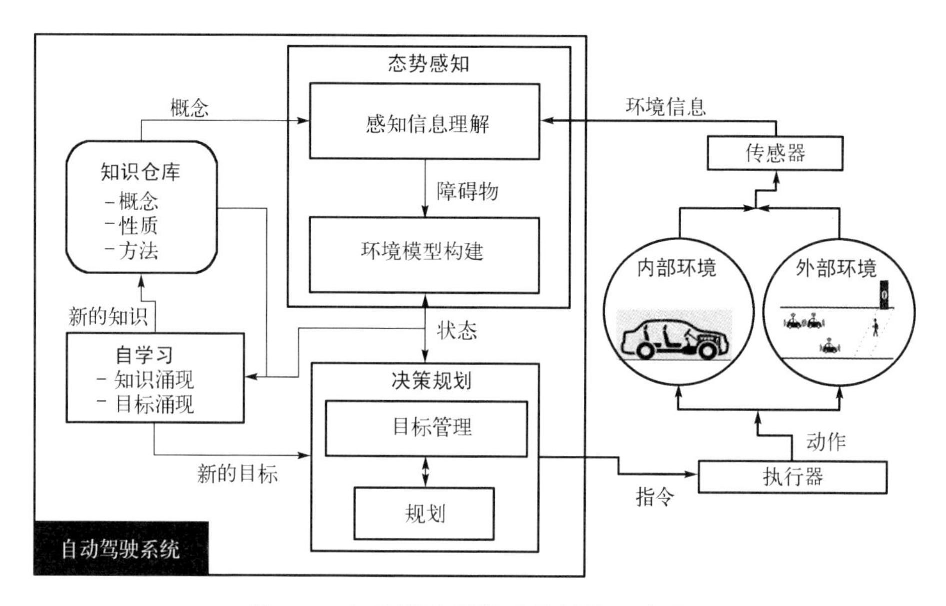

图 5.1 自动驾驶系统功能架构示意图

5.1.2 自主系统的目标管理

在自主系统功能架构中，我们提到的目标管理主要涉及以下三种不同类型的目标：

(1) 短期目标：考虑系统在运行过程中能否不进入危险状态，通常具有严格的时间和安全性条件约束。例如，对于自动驾驶系统，这类目标要求车辆与障碍物的距离保持在一定范围内(安全性约束)来避免碰撞。

(2) 中期目标：关注如何在预定义运行模式之间转换，以适应外界环境的动态变化。对于自动驾驶系统，这类目标涉及控制车辆执行各种机动操作，如超车或通过各种类型的交叉路口等。通常，中期目标意味着系统具备动态配置和特定时间约束下的自适应能力。

(3) 长期目标：重点关注各种类型的非关键属性，实现系统性能的最优化或满足给定的目标条件。对于自动驾驶系统，这类目标可能是控制车辆到达目的地，或者优化行程实现燃油消耗的最小化等。

以上三类目标中，中期目标的实现难度是最大的，这主要是因为外界环境的不可预测性所带来的状态不确定性。同时，中期目标还具有严格的安全性约束。相比之下，短期目标通常更适合进行形式化描述，可以通过严格的自动控制理论和技术来实现，如轨迹跟踪、防碰撞等目标。长期目标通常是非安全关键属性，对实时性要求相对较低，可以通过多种优化技术来实现。

需要注意的是，自主系统的功能架构是自闭环的，通常称为“感知—理解—决策—执行”环路。为了确保短期目标(如防碰撞等)能够正确实现，环路的闭合时间需要足够短，而长期目标(如完成旅程、到达目的地等)的实现可能需要大量的周期循环。显然，如果在一个周期中选择了新目标，那么新目标必须与那些已经选择但尚未实现的目标一致。

正是由于不同目标之间存在差异，自主系统应当采用分层控制范式，第一层主要实现短期目标，第二层实现中期目标，第三层则实现长期目标。很明显，从最低层开始，越往上，时间尺度越大。美国国家标准与技术研究院（NIST）在部分相关工作中[1-2]也提出了这种分层控制范式的观点，并给出了一个4D/实时控制系统参考架构。然而，除部分实验演示外，目前尚不清楚该架构是否被工业界完全采纳。最近的一些研究成果，如文献[3-6]，阐述了此类体系架构，但是关于如何将该架构应用于实际的自主系统，并规避潜在的安全风险，仍然缺乏值得信赖的结论。

分层控制范式的主要难点在于，如何实现不同层次控制的实时有效协作。由于这种范式下的控制流程涉及多个具有不同动态特性的组件的交互，既有自上而下的交互流程，也有自下而上的交互流程，因此对实时性要求较高。其中，自上而下的交互流程确保系统行为的一致性和可控性，而自下而上的交互流程确保可观测性。此外，各层目标的动态变化趋势必须是一致的。例如，如果某个机动操作需要执行加速以达到预期的目标速度，那么该目标必须与车辆在其预期轨迹上的中期目标一致，如超车。相反，如果车辆的中期目标为防碰撞，那么可能会与短期目标产生冲突。

分层控制范式的一个基本假设是，系统的自主能力能够通过一组基本任务的动态组合来实现。其中，每个任务都针对特定的目标。这个假设与我们对人类自主能力的观点是一致的：人类的自主能力是通过各种不同技能的智能组合而产生的。例如，驾驶员的驾驶能力可以看作以下几种技能的组合：与障碍物保持安全距离、保持车辆的行驶轨迹，以及执行加速、刹车、超车等各种机动操作。

5.1.3 自主系统与自动化系统

在上述功能架构基础上，我们将自主的内涵定义为系统在无须人为干预的情况下，实现一系列预设目标并适应环境变化的能力。自主能力的实现可以视为感知、理解、规划、目标管理以及自学习五个关键功能模块的融合与协作过程。

需要说明的是，自主系统与自动化系统之间存在显著的区别。下面，我们结合1.2节的示例详细讨论。

恒温器和无人驾驶列车均为自动化系统，尽管它们也需要具备感知和理解功能，但这些功能都是预先设置的，系统只需要自动化执行这些功能即可。对弈机器人、足球机器人和自动驾驶汽车均为自主系统。

对于对弈机器人来说，感知和理解功能相对简单，因为这类系统的环境是明确的，环境状态的变化是缓慢的，没有实时性要求。决策过程可以通过明确的规则进行定义。其难点主要在于预测对手的行动策略，并通过计算适时地制定自身的获胜策略。

对于足球机器人而言，由于其外界环境的状态具有动态变化特性，足球机器人的感知和理解功能需要应对更高的复杂度。此外，足球机器人的行为策略需要考虑与其他足球机器人的协作，同样呈现出动态变化的特点。根据在比赛中的位置，足球机器人的目标具有不确定性，可能是进攻性的，也可能是防守性的。因此，为了实现关键功能的有效协同，知识的产生和使用变得非常重要，这既包括游戏规则知识，也包括通过学习其他足球机器人(尤其是对方球队的足球机器人)的动态行为特征而获得的知识。

自动驾驶汽车是所有示例系统中复杂度最高的自主系统，其复杂性主要来源于外界环境的高度不确定性以及规划和目标管理的实时性和动态性等特性。

国际汽车工程师学会(SAE International)提出了一个关于自动驾驶系统的自主性分级标准，覆盖了从由人驾驶、辅助驾驶到完全自动驾驶等6个等级[7]。前3个等级(第0～2级)刻画了自动驾驶系统的自动化程度，车辆控制仍然由驾驶员负责，因此这些驾驶系统通常称为高级驾驶辅助系统(Advanced Driving Assistance System，ADAS)。第3～5级刻画了自动驾驶系统的自主能力，车辆控制主要由自动驾驶系统负责。其中，第3级要求驾驶员对自动驾驶系统进行监督，第4级允许在受限的地理围栏环境中进行无监督的自动驾驶，而第5级则是在开放环境中提供无限制的完全自主驾驶。

尽管这种分级定义隐含表明从一个等级到另一个等级的转换可能是渐进的，但是自动化系统和自主系统之间仍然存在本质的差异。在第0～2级，ADAS在驾驶员的控制下运行，驾驶员可以随时打开或关闭ADAS。而在第3～5级，车辆则由自动驾驶系统进行控制，驾驶员对车辆的运行状态进行监控，只有在必要的情况下才会干预自动驾驶系统的决策。实际上，这种车辆控制模式的转变是一个很大的变化。我们不能简单地认为自动驾驶系统是 ADAS的改进，它们之间有着自主系统和自动化系统的根本性差异。

根据第3级的规定，驾驶员将对自动驾驶系统控制下的车辆运行状态进行监控。事实上，这种驾驶模式存在极大的安全风险，主要根源是自主系统和驾驶员之间的协作所带来的共生自主（symbiotic autonomy）问题。当自动驾驶系统主动请求人员干预时，驾驶员必须拥有准确的信息来理解当前的态势，以及足够的时间来做出判断并采取适当的策略。如果驾驶员意识到潜在问题可能会发生，那么驾驶员在关闭或否决自动驾驶系统的决策之前，应当具备依据当前态势安全控制车辆的能力。共生自主问题的难度远远超出了传统的人机交互问题的难度。

第4级和第5级之间也存在明显差异。由于自主系统的复杂性因素主要来源于感知能力的不足以及外部环境的不可预测性，第4级自主能力的定义是将与这些复杂性因素相关的风险降至最低。例如，封闭的地理环境极大地降低了外部环境的不可预测性，从而也就降低了感知问题的复杂度。在封闭环境中，自主系统状态的可预测性也极大地提高了，可以使用多传感器融合技术来提高系统的感知能力。

图 5.2 展示了系统的自动化水平与自主能力所构成的二维空间，我们可以通过以下四个因素来判断系统不同程度的自主性：①态势感知的复杂性；②决策的复杂性；③运行过程中的人为干预性；④知识管理的复杂性。图中灰色区域定义了自动化系统，其特点可以归纳为：来自外部环境的感知信息是数值数据，系统的运行主要基于人触发的模式，而自动化系统只起到辅助作用。在决策支持方面，目标和任务的管理仍然由操作员完成，自动化系统只是进行具体控制指令和动作的执行。

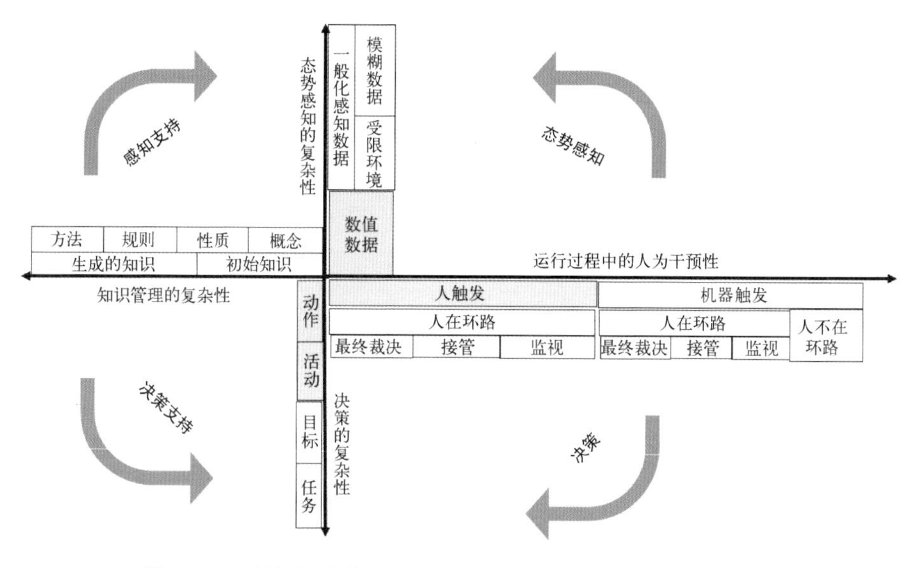

图 5.2　系统自动化水平与自主能力所构成的二维空间

对于每个维度，从自动化系统的定义区域开始，朝着远离原点的方向移动时，系统的自主能力会增加。例如，自主能力随着由人触发模式向机器触发模式的转变而增加，尽管在机器触发模式下，仍然存在人在环路的情况，但是人类操作员只是在必要的时候对机器控制过程进行干预。当系统的运行由机器进行控制时，决策将涉及不同级别的目标和任务的管理。特别地，当从固定的预定义的初始知识过渡到系统动态生成的知识时，这一过程可能会产生新的知识和目标，这既提升了知识管理能力，也增强了系统的自主能力。

当前，与自主系统相关的研究热点主要是通过各种方法来提高系统的自主性，如文献[8-9]。但是，如何开展自主系统的严密设计仍然是一项难题。由于自动化系统和自主系统之间存在诸多显著差异，自动化系统的严密设计方法无法适用于自主系统。我们认为，自主系统功能架构是实现从自动化系统向完全自主系统转变的核心，为解决上述问题提供了技术思路。

5.1.4 自主系统的混合设计

自主系统的高度复杂性，以及大量 AI 组件集成所带来的异质性，使得我们无法直接应用传统的基于模型的系统设计方法。例如，如何将神经网络模型有效地集成到复杂的车载电子系统中仍是一个技术难题。

工业界倾向于使用端到端的 AI 解决方案。例如，对于自动驾驶系统，端到端的 AI 解决方案大都使用基于大数据的神经网络模型，从环境感知信息直接计算得到车辆的控制量，如加速度、转向角等。然而，当前的神经网络模型存在不可解释和不可信的问题，无法满足安全关键系统的标准规范。此外，根据当前安全关键系统的工程实践和标准规范，为确保系统的安全可靠性，我们需要对系统的软硬件模块开展详细的风险分析，以揭示各类软硬件故障和环境干扰等因素对系统功能行为的影响，从而在系统设计过程中采用相应的风险检测以及故障恢复机制。传统的风险分析技术，如系统理论过程分析（System Theoretic Process Analysis，STPA[10]），主要基于系统架构模型对风险因素及其可能的影响开展分析。然而，如何将这类传统的风险分析技术应用于自主系统，仍有待进一步研究。

从工程实践的角度来看，混合设计（hybrid design）方法是一种能够实现自主系统严密设计的技术途径。基于5.1.1节阐述的自主系统功能架构，该方法能够实现数据驱动组件（如基于神经网络的感知组件）和模型驱动组件（如基于状态机的决策组件）的有效集成，并且在确保模型驱动组件的可靠性的同时，不牺牲数据驱动组件的性能效率。简单来说，混合设计的基本思路是，当系统处于可预测的状态时，使用数据驱动组件；而当系统即将进入不可预测且安全关键的状态时，则使用具有安全可靠性保证的模型驱动组件。例如，对于自动驾驶系统而言，我们有成熟可靠的防碰撞和轨迹跟踪算法，对车辆在安全关键状态下的运动进行有效控制。

在集成了AI组件的系统中实现模型驱动的决策控制仍然涉及诸多技术难点。例如，如何保证并评估含有不可靠AI组件的系统的可靠性。对于硬件系统来说，这个问题可以通过使用基于冗余的容错设计来解决[11]。然而，基于冗余的容错设计并不能直接应用到软件或 AI 系统中，这是因为软件组件的故障与硬件组件的故障有着本质的不同。硬件组件的故障具有随机性，能够通过冗余备份来降低系统的故障概率，但是软件组件的故障对于给定的输入数据并不是随机的，其故障发生的概率并不会随着冗余备份的增加而减少。

混合设计遵循前述分层控制范式，并为解决上述问题提供了一个思路：对每个子系统进行独立分析，并验证其是否能够实现相应的目标。例如，我们可以先证明，在特定的体系架构和假定的集成条件下，防碰撞或超车算法是正确的；再证明，通过适当的方式将一组实现基本目标的任务集成到分层体系架构中，可以得到期望的智能体行为。通常，我们假设的集成条件与 AI 组件是相关的。由于无法形式化地验证这些组件的正确性，我们可以采用“相对验证”的方法，即在假设 AI 组件具备正确性的前提下，验证系统中的非 AI 组件。这就产生了“相对正确性”概念。当然，我们需要以一种恰当的方式定义 AI 组件的正确性，通常这是一个关于组件行为的概率性表述。目前，从实践的角度来说，这是验证含有两种异质组件的自主系统的有效途径。

5.2　自主系统的测试

在模型驱动的系统设计方法中，设计人员使用各类模型来描述不同抽象级别的系统行为及其属性。模型具有多种不同的用途，不仅可以用于验证系统是否具备可信性属性，还可以用于测试、分析和评估系统在特定运行平台上的性能等。例如，在传统的“V-模型”系统设计方法(见1.3节)中，构建系统模型的过程主要发生在系统设计流程的左半部分，这些模型包括系统的需求模型、体系架构模型以及功能组件模型等，主要用于指导系统的正向设计和代码实现；而在系统设计流程的右半部分，即系统验证与确认过程，模型可用于系统属性的测试与验证，包括功能组件代码的单元测试、全系统的集成测试以及接收测试等。

形式化验证(formal verification)广泛应用于安全关键系统，通过对系统模型进行逻辑分析，来判断系统模型是否满足期望的可信性属性。尽管测试也可用于确认系统满足给定的属性，但是测试只能得到系统可信性的部分经验事实。事实上，形式化验证和测试具有一个显著的区别：形式化验证能够完备地分析系统及其与环境的交互行为；而测试一般检测系统在给定输入下的行为是否符合预期，即系统是否可以输出特定的观测结果。因此，能够被测试的属性一般是可观测的系统行为。此外，我们无法测试系统是否满足不变式属性——所有系统行为或状态均需要满足的约束条件。这类属性对系统的可信性至关重要。本质上，不变式属性的分析需要对系统的状态空间进行完整的遍历。很明显，由于测试的不完备性，测试只能发现违背不变式属性的状态，而不能保证系统不存在违背不变式属性的状态。

基于模型的系统设计方法，特别是形式化验证方法，在自主系统领域的应用中面临着诸多挑战。一方面，自主系统的高度复杂性使得我们很难构建准确且可靠的系统模型；另一方面，自主系统含有多种异质组件，如数据驱动的AI组件与模型驱动的组件等。然而，我们还没有在AI组件的可解释性方面达成共识。自主系统的这些特点对系统设计实践，特别是自动驾驶系统的工程实践，产生了深远的影响。一种解决方式是，避免采用模型驱动的组件，而采用端到端的AI解决方案；另一种方式是，采用模型驱动组件和数据驱动组件集成的混合设计方案。在后一种情况下，由于实际系统存在高度复杂性和异构性，形式化验证技术只能发挥有限的作用，而系统可信性属性的验证与确认主要依赖于基于测试的经验验证（empirical validation）方法。

5.2.1 测试的基本原理

测试的基本原理如图5.3所示。通常，测试环境由待测系统（System Under Test，SUT）、测试用例生成器（Test Case Generator，TCG）以及预言机（Oracle，O）组成，其中，待测系统具有预定义的输入（可控变量）和输出（可观察变量）。测试用例生成器生成一系列可用于驱动待测系统运行的输入序列。待测系统根据给定的输入序列生成相应的输出序列。预言机根据一组描述系统输入/输出行为的属性 P，对待测系统的输出数据进行分析，并计算测试结果。一般来说，属性 P 可以通过逻辑公式进行形式化描述。每个测试活动都包含一组含有待测系统输入和输出的数据，预言机则针对每个属性给出相应的测试结果——“通过”“不通过”或“不确定”。其中，“通过”表示待测系统的输出满足给定属性，“不通过”表示待测系统的输出不满足给定属性，而“不确定”表示预言机无法从观察到的待测系统输出判定给定属性的可满足性，通常发生在测试用例与待分析的属性上下文无关的情况下。

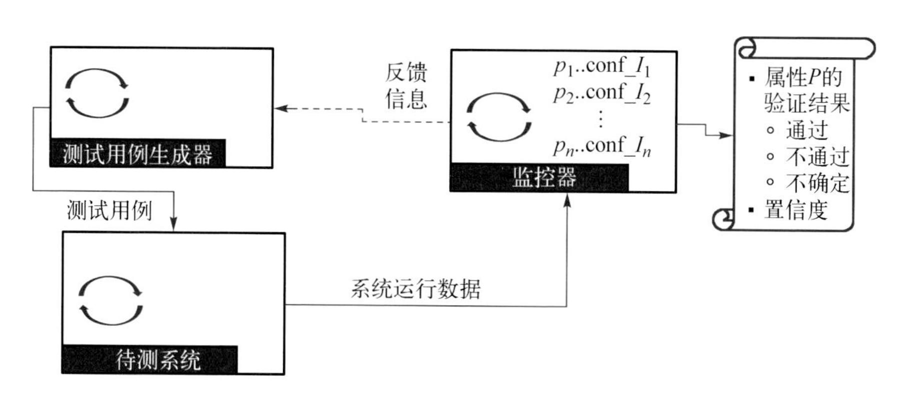

图 5.3　测试的基本原理

例如，考虑以下测试活动，待测系统为一个含有语句 $st_1, st_2, \cdots, st_n$ 的程序，以及一组刻画其输入/输出规范的属性 $P = \{p_1, p_2, \cdots, p_n\}$，预言机的输出可能有以下三种结果：

① 如果待测系统在给定输入下能够运行 st_i 且输出满足规范，则属性 p_i 判定为“通过”；

② 如果待测系统在给定输入下能够运行 st_i 但输出不满足规范，则属性 p_i 判定为“不通过”；

③ 如果待测系统不能运行 st_i，则判定为“不确定”。

对于一个测试活动，我们可以定量地计算每个属性 p_i 的可满足性的置信度。置信度一般是关于待测系统的统计学度量，通常取决于两方面因素：

① 属性 p_i 的覆盖率标准；

② 该覆盖率标准下属性 p_i 的量化值。

其中，覆盖率标准刻画了测试过程对待测系统的行为或者状态空间的遍历程度。对于软件系统，覆盖率标准主要有两种类型：①结构标准，刻画了测试用例能够覆盖的程序结构的比例，如源代码行数的比例，以及控制流图或数据流图分支的比例等；②功能标准，刻画了待测系统能够执行的基本功能，如消息传递、制动等。例如，在前面的例子中，我们可以采用以下覆盖率标准：在执行所有测试用例后，每个程序语句至少被执行一次。理想情况下，一个测试活动应当实现属性集合 P 中所有属性的覆盖率最大化。自适应测试（adaptive testing）的基本思路是，通过选择适当的测试用例来平衡每个属性的覆盖率。

由于自主系统与传统的软件系统存在本质上的差异，传统的软件测试技术在自主系统中的应用面临一些新的问题。对于软件系统而言，我们可以在源代码结构上定义覆盖率标准。然而，对于具有异构特性的自主系统，我们尚没有明确的系统模型，难以定义覆盖率标准。此外，软件系统的属性可以刻画为系统输入/输出之间的关系，但是自主系统的属性大多是参数化的，例如，对于自动驾驶系统，交通规则是一类参数化的属性，涉及任意数量的智能体，这类系统属性的形式化描述也是一项具有挑战的任务。

5.2.2 基于仿真的测试

目前，自主系统的测试方法仍然是运行一些简单的虚拟仿真。例如，文献[12]称其所述自动驾驶系统在通过一定时间或距离的仿真测试后，具备足够的安全性。显然，这个结论从技术上来说是不严谨的，因为我们还无法确定仿真测试的场景与实际的物理世界中的场景之间是否存在对应关系。为此，在仿真测试的基础上，我们还需要基于模型的论据来说明物理世界中的各种场景已经被仿真测试覆盖。

本节以自动驾驶系统为例，讨论基于仿真的系统测试问题。测试环境集成了一个自动驾驶系统仿真器(simulator)、场景生成器(scenario generator)以及监控器(monitor)，如图 5.4 所示。仿真器用于运行待测的自动驾驶系统。该系统由智能体模型(自动驾驶车辆模型)、外部环境模型以及系统状态模型组成。外部环境又包括静态地图模型以及外部环境中的各类智能体模型[13]。静态地图模型是真实物理世界的抽象表示，通常可以视为一个含有无穷多个位置及其坐标的集合。地图可以是简单的拓扑模型，也可以是精确的几何模型。智能体在特定的地图中运行，其行为以实现给定的目标属性为导向，同时也受到全局规则的约束，以确保全局系统的行为符合预期的全局目标属性。

测试用例可以理解为仿真场景，后者描述了智能体如何在给定的地图中移动以及多个智能体之间可能的交互。仿真场景可以用于遍历系统的状态空间，以检测智能体的行为是否符合给定的系统属性。对于自动驾驶系统而言，场景通常定义了每个车辆的初始位置、速度以及地图上的行程(路径)。对于给定的场景，仿真器通过运行场景中的智能体，生成相应的运行轨迹，作为自动驾驶系统行为的刻画。

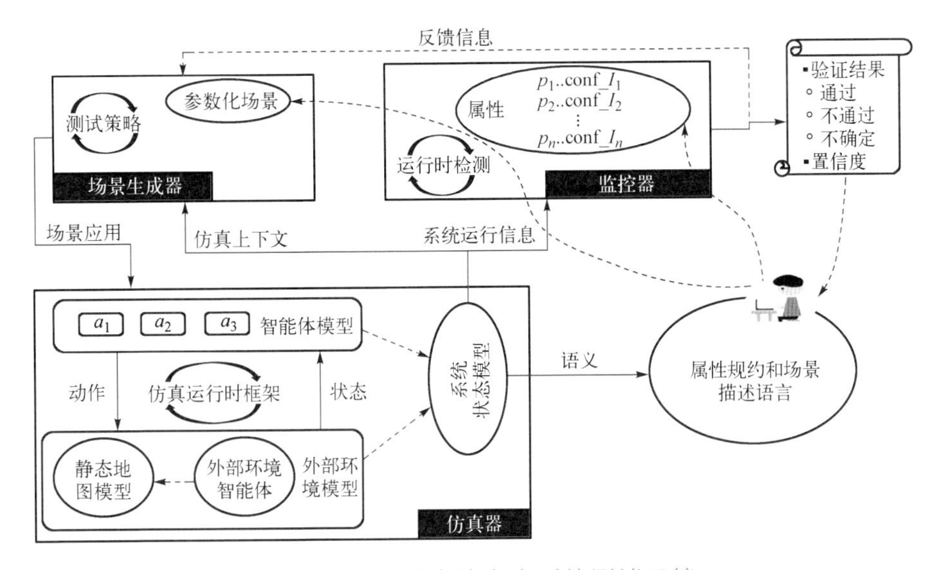

图 5.4 基于仿真的自主系统测试环境

给定一组待测试的系统属性 P，我们利用逻辑公式对系统属性进行形式化描述。对于自动驾驶系统而言，这些属性可能是交通规则，也可能是系统必须满足的动力学属性。给定一个系统 S 和一组属性 P，一个测试活动通常由一组场景 SC 进行定义。给定一个场景 sc，我们可以观测到系统 S 的运行状态序列。对于属性 p_i，我们假设存在一个预言机，能够计算场景 sc 下系统的测试结果 vr_i。那么，一个测试活动可以形式化地表示为二元组（sc，vr），其中，$vr = (vr_1, vr_2, \cdots, vr_n)$是针对属性集合$P = \{p_1, p_2, \cdots, p_n\}$的测试结果。

由于测试用例（仿真场景）的数量巨大，甚至是无穷多个，我们还需要一个有效的理论方法来估算一组（有效数量的）测试活动的置信度。这个理论方法应当给出覆盖度函数 CV 和置信度函数 CL。给定由一组场景 SC 定义的测试活动，覆盖度函数计算场景覆盖率，即 CV（SC），该覆盖率满足以下两个条件：

① $CV(SC) \in [0,1]$；
② 若 $SC_1 \subseteq SC_2$，那么 $CV(SC_1) \leqslant CV(SC_2)$

其中，SC_1，SC_2 为任意两组场景。换句话说，覆盖率随着场景集合的增加而增大。理论上，当集合包括所有可能的场景时，覆盖率取得最大值。

给定由一组场景 SC 定义的测试活动 TS，置信度函数 CL 给出了测试活动的置信度，即 CL（TS）。这是一个含有 n 个元素的元组，每个元素为预言机估算的系统属性在测试活动中得到满足的可能性。此外，对于给定的两个场景集合 SC_1、SC_2 及其相应的测试活动 TS_1、TS_2，如果 $CV(SC_1) = CV(SC_2)$，那么 $CL(TS_1) \cong CL(TS_2)$。也就是说，如果两组场景具有相同的覆盖率，那么相应的测试活动具有近似相同的置信度。需要注意的是，该条件确保了测试结果的可复现性，并为测试理论提供了“客观性”依据。

除上述理论问题之外，自主系统的仿真测试还存在极具挑战的系统工程问题。第一个挑战是开发一个逼真且具有语义感知功能的自主系统仿真器，该仿真器还应当提供丰富的建模语言，用于描述不同抽象级别的智能体的物理环境；第二个挑战是设计一套能够描述通用仿真场景的建模语言，该场景能够驱动待测自主系统运行到特定状态；第三个挑战是定义一套面向自主系统的属性描述语言。这些问题受到学术界和工业界的广泛关注。特别地，对于自动驾驶系统，大量的研究工作都致力于构建仿真测试相关标准规范[14-15]。

5.3 知识的生成与应用

知识的生成和应用在自主系统设计中发挥着重要作用。逻辑推论和实验数据都是知识的来源方式，并且两者都是构建可信系统所必需的。知识具有双重性质：既可以用于态势感知，也可以用于决策规划。因此，它对于感知和理解现实物理世界至关重要，同时，对于以具体目标为导向的决策和执行也至关重要。在本书中，我们将知识定义为一种有用的信息。若应用于正确的概念关系网络（network of conceptual interrelations）中，这些信息可以用来理解、解决系统的复杂性问题。在本节中，我们将讨论知识的生成以及不同类型知识的关键特征，包括真实性、有效性和通用性等。

5.3.1 知识的类型

知识类型涵盖事实知识、常识知识、科学技术知识、非经验知识以及元知识(meta-knowledge)等，如图5.5所示，不同类型的知识具有不同程度的真实性、有效性和普遍性。基于这种分类方法，我们可以对机器生成的知识类型以及人生成的知识类型进行比较。

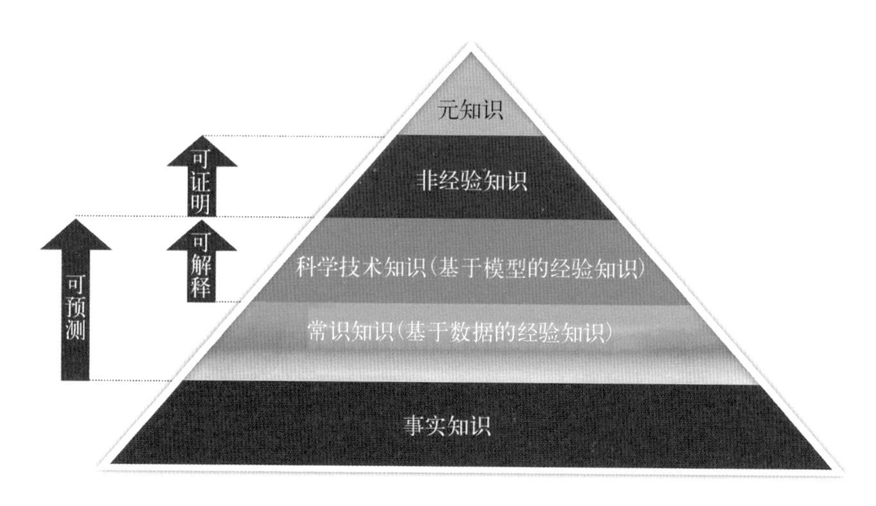

图5.5 一种知识分类方法

经验知识和非经验知识之间有着显著的区别。经验知识是从经验中获得和提炼的知识，其真实性需要进行严格的验证，以检查是否与观察值或测量值一致。与之相反，非经验知识是独立于具体经验的，可以视为逻辑泛化的结果，包括数学知识、计算理论以及任何基于严格语义框架的知识等，其真实性取决于逻辑推理的正确性。例如，毕达哥拉斯定理

(Pythagorean theorem)和哥德尔定理(Gödel's theorem)是“放之四海而皆准”的非经验知识，它们的真实性取决于欧几里得几何和算术公理。经验知识与非经验知识之间的差异反映了两种截然不同的知识生成方法，一种是基于逻辑推理的知识生成方法，另一种是从实验和观测数据中进行知识提取的方法。

最常见的经验知识是描述在特定时间和地点发生的事实知识，例如，关于世界局势和状态的事件，“今天巴黎的气温是24℃”或“滑铁卢战役发生在1815年6月18日”等。事实知识具有有限的普适性，但对于态势感知而言是不可或缺的。

常识知识是事实知识泛化和抽象的结果。特别地，常识知识包括关于学习和技能的隐式经验知识，但这些知识并不是以可解释、可分析的方式进行描述的。例如，人类具有行走、演奏乐器、跳舞等最常见技能的知识，这是由无意识的快速思维自动产生的(根据D.Kahneman的术语，称为第一类思维系统[16])。行走时，我们的大脑并没有解决复杂计算问题，若将该问题进行显式建模，就会涉及准确描述人体运动的物理学方程。需要注意的是，神经系统能够生成和处理这类隐式经验知识。在常识知识类型中，经验知识还包括通过机器学习技术所产生的知识。

科学技术知识是通过模型进行系统化分析处理的经验知识。科学知识可以用来理解物理世界，而借助技术知识，我们可以基于科学知识进行新产品或者系统的构建。隐式经验知识与科学技术知识之间的区别在于，后者是基于模型的。因此，这类知识是可以进行证伪分析的，这也就极大地提高了其真实性、有效性的可信度。

元知识是关于如何处理知识的知识。元知识为我们提供了一种结合各种知识进行态势感知和决策的途径，包括设计方法学、问题求解技术、数据采集和分析技术等。同时，元知识还包括与各种工作和技能相关的非正式的知识。

5.3.2 知识的生成

人的思维可以视为两种思考方式的结合：①缓慢且有意识的思维；②快速且自动的思维[17]。前者是程序性的，适用于逻辑推理。通常我们使用缓慢且有意识的思维来解决问题，例如，分析态势信息、策划行动过程或设计产品等。后者是无意识的或者下意识的，一般不适用于逻辑推理，如危险情况下我们身体的应激反应等。通常我们使用这种思维进行创作或解决复杂度高且无法严格定义的问题。如果比较上述两种思维方式的信息处理过程，我们会发现，人类智能中的很大一部分来源于快速且自动的思维。当然，这种比较并没有否认缓慢且有意识的思维对人类智能的作用和重要性。

这两种思维方式之间也存在显著的协作和互补性。那些经过缓慢且有意识的思维训练的行为过程，能够通过快速且自动的思维实现自主化。例如，当婴儿接受语言训练并有意识地学习知识的时候，会使用快速且自动的思维，直至具有控制语言表达的能力；当我们学习如何骑自行车的时候，也会经历同样的过程。简单地说，我们会尝试一个试错的过程，有意识地学习如何保持自行车的平衡，直至通过快速且自动的思维学会如何自动保持平衡。然而，在这个学习的过程中，我们并没有构造模型。

可以用上述两种思维方式类比两种基本计算模式，分别是基于模型的计算与基于神经网络的计算。

缓慢且有意识的思维根植于我们能够理解的认知模型，这也是我们进行计算机程序设计的基础。程序可以被视为一系列计算机完成特定计算任务的语句序列，可以被阅读、理解和分析。程序的工作原理可以通过数学和逻辑严格定义，而数学和逻辑都是缓慢且有意识的思维的产物。相反，快速且自动的思维是学习训练的结果，与神经网络的训练和计算过程类似，后者所遵循的计算模型是对我们大脑神经网络的模拟。经过过去二十多年的研究，神经网络已经成功应用于一些特定领域的机器学习问题，极大地推动了人工智能及其应用的发展。对于部分计算复杂度很高的问题，神经网络往往能够给出有效的解决方法。

以动物图像自动识别系统为例，传统的图像识别算法从分析构建特征模型开始，用一组特征来描述每种动物的形态特点，如头部、眼睛、耳朵、鼻子等部位的位置和形状。基于特征模型，我们再编写一种自动识别算法，通过分析图像中的特征，确定其中的动物类别。相反，神经网络采用一种基于经验数据的方法，不需要进行特征模型的分析和构建。基于神经网络的识别系统，通过一个学习过程来训练如何区分猫和狗等动物图像。该学习过程使用大量的图像对神经网络进行训练，并逐步配置其网络参数，使其能够以最优的性能正确地完成识别任务。通常，在提供良好的数据集的情况下，神经网络的学习过程是自适应的，即错误响应的百分比随着数据集的增加而降低。

类似地，如果想设计一个双足或双轮机器人，我们可以采取两种不同的方法：一种基于机器人运动模型，通过算法设计和编程实现机器人的控制器；另一种使用经过适当训练的神经网络实现机器人的运动控制。采取第一种方法时，我们必须使用动力学理论并编写实时控制程序；采取第二种方法时，我们必须训练神经网络，使其学会如何保持平衡，就像我们在不使用物理模型的情况下学习骑自行车一样。

虽然神经网络需要大量的训练数据，但是与基于模型的方法相比，神经网络仍然具有诸多优势。经过大量的训练之后，神经网络在应用过程中能够实时计算给定输入的响应，而不需要再次进行复杂的模型计算。例如，在工业界，Nvidia 和 Waymo 等科技公司都开发了相应的神经网络，在经过密集的训练后，该神经网络能够在特定的场景下实现自动驾驶，并且将神经网络的错误率控制在较小的范围内。即便如此，在安全关键领域的应用中，这些错误率仍然是不可忽略的。基于神经网络生成的知识通常称为基于数据的知识，目前这类知识是无法解释的。我们仍然缺乏评估此类知识可信性的技术方法，这是基于数据的知识和基于模型的知识之间的一个重要的区别。

图 5.6 比较了基于模型的科学知识与基于神经网络的机器学习知识的生成过程。图 5.6(a) 以牛顿第二定律为例，展示了研究物理过程的科学方法。为了描述质量 m、加速度 a 与作用力 F 之间的关系，首先通过一系列物理实验，观察这些物理量的取值，然后构造模型 ($F = ma$) 来解释观测到的物理量；图 5.6(b) 展示了用于图像识别的神经网络的学习过程。这两种知识生成过程都有一个共同目的，即刻画可观测的系统输入/输出行为，并估算系统对给定输入的输出响应。前者由于构造了模型，能够对系统输入/输出行为进行解释，而后者是不可解释的。

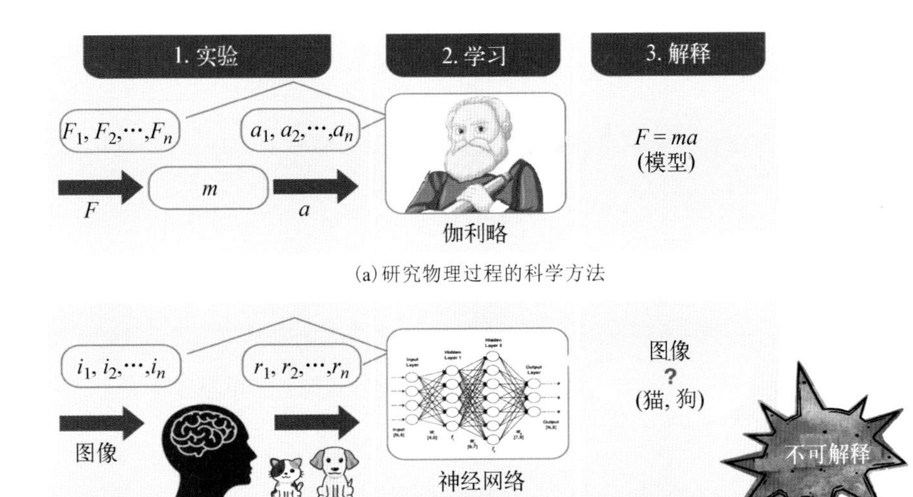

(a) 研究物理过程的科学方法

(b) 神经网络学习过程

图 5.6　科学知识与机器学习知识生成过程的比较

科学知识能够准确刻画实验观察结果，它通常通过科学发现等方法进行获取。科学发现是一种内在的学习过程，往往基于一个可用于预测和解释的模型。科学知识是由可解释、可分析的模型表示的经验知识，这些模型的行为可以被研究和测试，由此获取的观测和实验数据具有更高的可信性和普遍性。换句话说，在没有准确模型的情况下，科学发现是不可能的。例如，牛顿发展了微积分理论模型，这样就可以将物理实验中的发现描述为物理定律。然而，我们难以充分理解和预测社会、气象和经济等复杂现象，但这并不意味着它们不遵循规律，而只是因为我们没有找到准确的模型来解释相应的观测数据。此外，科学知识的发现需要对模型进行分析，通过研究模型的行为，获取相关的重要属性。这一过程往往具有一定的计算复杂性，这也就意味着科学知识的可解释性可能会受到计算复杂性的限制。

机器学习知识通常是神经系统通过长期的基于经验数据的训练过程生成的知识。这类知识的可解释性是当下研究的热点，包括可解释性的概念定义和相关技术等[17-18]。为了便于比较，我们将可解释性定义为，存在一个与实验观察结果相匹配的可分析的数学模型。机器学习范式包括一个学习训练步骤，通过学习调整神经网络的权重等参数，以便于计算得到尽可能接近实验数据的拟合函数。根据训练程度，神经网络能够以一定的成功概率进行预测。部分模拟特定物理实体行为的神经网络，存在一定程度的可解释性，这是因为对于特定的物理实体，我们可以构建物理实体的模型，并描述其输入/输出行为，例如，通过一组行为约束的方式[19]来实现。然而，对于那些模拟人类智力活动的神经网络，由于这些智力活动涉及难以进行形式化描述的自然语言概念，如何找到一个能够解释这种类型神经网络行为的模型仍然是一个开放性问题。

5.4 自主系统的可信性评估

如何判定一个执行给定计算任务的系统是值得信任的？我们的判定标准取决于两方面的因素：①系统的可信性；②任务的关键性。前者刻画了我们对系统及其运行环境的信任程度；后者刻画了硬件失效等故障对任务执行所带来影响的严重程度。

我们对系统的信任程度取决于我们能够对系统及其构造方式进行可信性评估的能力。如前文所述，可信性不仅涉及系统的功能属性，也涉及一般的非功能属性，后者包括信息安全属性和效率属性等。在技术上，可信性评估是一项复杂的任务，首先我们需要分析评估系统正常行为的功能正确性[20]，然后还需要对所有可能影响系统可信性的潜在故障进行风险分析和评估。后者可以通过灾难性事件的发生概率进行刻画，例如，飞行器的故障概率应小于 10^{-9} 次/小时。在所有可能的系统故障中，软件设计错误和缺陷可以通过对软件模型进行验证来解决，而其他的故障则需要对含有外界环境交互的系统模型进行分析。当我们说一个系统具有某种属性时，必须给出该属性的严格定义，以及可用于证明其可满足性的证据。系统的可信性评估通常涉及三种不同类型的证据：

(1) 系统模型满足给定属性的无可辩驳的证据(irrefutable evidence)。这是一类通过对系统模型进行形式化分析(特别是形式化验证分析)所获得的知识。例如，可以构建集成电路的模型，通过形式化验证证明其逻辑正确性，得到其满足给定属性的证据；也可以通过计算程序的不变式，得到程序正确性的证据；等等。

(2) 系统实现满足给定属性的结论性证据(conclusive evidence)。这种类型的知识通常也是通过对所构建的系统模型进行分析，并且在模型可信的前提下，获得的适用于实际系统的结论性证据。结论性证据是人们能够获得的关于实际系统的最真实的知识。安全关键系统的相关标准通常要求我们必须采用基于模型的系统设计技术。

(3) 系统可执行代码满足测试标准的必要性证据(necessary evidence)。测试技术通过检测系统可执行代码中的缺陷进行正确性验证，但是测试技术不能保证系统没有缺陷，无法提供正确性验证的完备性保证。当然，我们可以根据多种覆盖率标准来获取不同程度的证据。然而，这类证据往往只是系统满足给定属性的必要性证据。

对于缺乏可解释性的神经网络而言，我们对其可信性评估的知识只能局限于上述必要性证据。对于采用严格的基于模型的方法所开发的系统，上述三种类型的证据均可用于可信性评估：对系统模型的分析提供了关于可信性的无可辩驳的证据；对系统实现及其开发过程的验证提供了可信性的结论性证据；而测试主要起到必要的补充作用，它通过在给定的运行环境中执行系统的可执行代码，从而为系统的可信性提供额外的证据。

系统的可信性和任务的关键性之间的相互关系，也会影响系统执行给定计算任务的自动化水平。我们假设系统的可信性在[0,1]区间内变化，具有最高可信性的系统在任何情况下的行为都是符合预期的，而具有最低可信性的系统的行为则是完全随机的。我们同样假设任务的关键性在区间[0,1]内变化，最高的关键性意味着灾难性危害及其高昂的代价，而最低的关键性则意味着危害对任务执行没有明显的影响。任务的关键性刻画了系统提供的功能特征和内在风险，这是独立于系统实现方式的。车辆驾驶、医疗设备操作以及核电控制等任务都存在内在的安全风险，并且这些风险并不取决于任务的执行方式和所采用的手段。此外，我们假设在系统的可信性和任务的关键性之间存在一个单调的对应关系，即给定一个可信性水平，存在一个能够执行相应关键性任务的系统。

考虑由系统的可信性和任务的关键性所定义的二维空间，执行给定计算任务的系统可以表示为该空间中的一个坐标点，如图 5.7 所示。基于这些定义，我们认为，如果执行给定任务的系统的可信性大于所需的关键性，那么该系统是可信任的；否则，该系统是不可信任的。在这种情况下，图中的对角线定义了系统的自动化边界，并将空间分为两个区域：边界之下的绿色区域表示机器是可信任的，边界之上的红色区域则表示对于同一任务，人类可能比机器更可信。对于这些主要由人类完成的任务，机器可实现的可信性无法匹配任务所需的关键性。

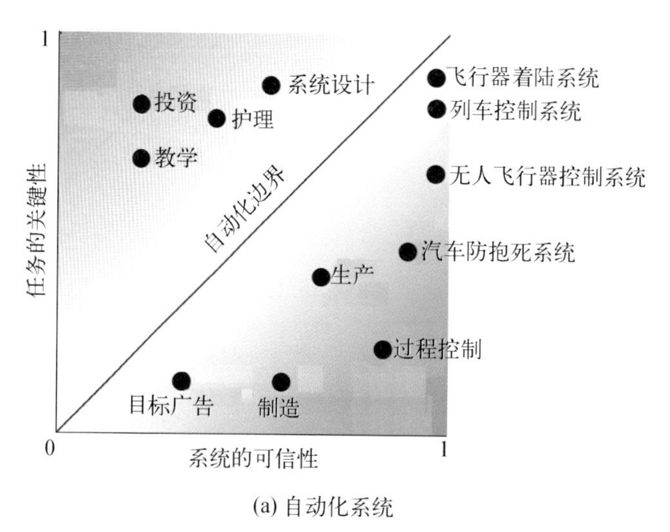

(a) 自动化系统

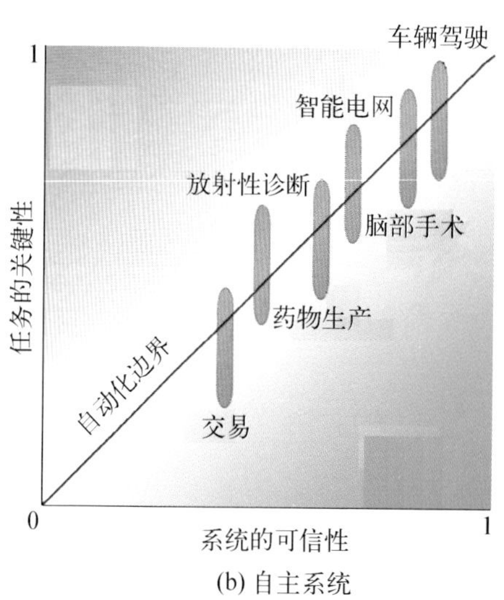

(b) 自主系统

图 5.7 不同系统在系统的可信性和任务的关键性方面的差异

正如前文所述，随着自主系统的发展，当前由人完成的任务将逐步由机器替代完成，实现完全自主化。由自动化系统向自主系统的过渡过程面临的主要挑战是如何平衡人和机器之间的工作分工，以实现共生自主[21]。图 5.7(b)所展示的这一理念也体现在系统自主性分级的概念中，例如，SAE对自动驾驶汽车的分级定义[22]。

现实生活中，我们对系统的信任程度还取决于人的主观因素，后者反映了人对安全、可靠这些概念的理解，并且可能改变由技术标准所定义的自动化边界。如果系统执行的任务不是关键的，并且任务自身能够容纳相对较高的故障率，那么我们倾向于使用自动化程度更高的系统，因为这种系统对计算性能的提升是巨大的。当前，许多自动化服务系统，如客服机器人等，能够以更高的速度执行重复的非关键任务。相反，如果系统执行的任务要求较高的关键性，那么我们更倾向于由人来完成任务，并且如果我们能够理解触发系统错误的行为，那么就会倾向于接受潜在的人为错误，即便这种错误会导致系统失效。事实上，公众舆论对系统的故障更加无法接受。例如，自动驾驶汽车造成的事故比人类驾驶员造成的事故受到更多的关注和质疑。这种“偏见”以一种相反的方式塑造了人对系统的信任程度：即使系统可能像人一样可信，但它们是否能够执行关键任务同样会受到质疑。

我们认为系统的可信性和任务的关键性是可以被严格定义并量化的，只有在应用特定的基于模型的系统设计方法时，我们才能得到关于这些可信属性的结论性证据。然而，由于环境的不可预测性以及机器学习的不可解释性等方面的原因，当前基于模型的系统设计方法对于自主系统来说仍然存在不足。

当然，我们不能忽视第三方机构的作用，这些机构影响并塑造了公众对现代社会中真实、正确、安全等观点的认识。因此，构建一个具有最先进技术的系统是不够的。一方面，我们需要依赖独立的第三方专家，对系统设计过程的合规性进行审查[23]；另一方面，根据现行的行业标准规范，我们需要为任务关键和安全关键系统提供基于模型的结论性证据，这些证据的认证仍然需要借助第三方独立机构的职能。

参考文献

[1] Madhavan R, Messina E R, Albus J S. Intelligent vehicle systems: a 4D/RCS Approach. Nova Science Publishers, Inc., 2006(6).

[2] Albus J S, Barbera A J. RCS: a cognitive architecture for intelligent multi-agent systems. Annual Reviews in Control, 2005, 29(1): 87-99.

[3] Ulbrich S, Reschka A, Rieken J, et al. Towards a functional system architecture for automated vehicles. arXiv: 1703.08557 [cs.SY], March, 2017.

[4] Dersten S, Axelsson J, Fröberg J. An analysis of a layered system architecture for autonomous construction vehicles: 2015 Annual IEEE Systems Conference（SysCon）Proceedings, April, 2015.

[5] Braud T, Ivanchev J, Deboeser C, et al. AVDM: a hierarchical command-and-control system architecture for cooperative autonomous vehicles in highways scenario using microscopic simulations. Autonomous Agents and Multi-Agent Systems, 2021.

[6] Aldrich J, Garlan D, Kästner C, et al. Model-based adaptation for robotics software. IEEE Software, 2019.

[7] SAE International Releases Updated Visual Chart for Its “Levels of Driving Automation” Standard for Self-Driving Vehicles.

[8] Grochow J M. A taxonomy of automated assistants: Communications of the ACM, April, 2020.

[9] Galdon F, Hall A, Wang S J. Designing trust in highly automated virtual assistants: a taxonomy of levels of autonomy: Artificial Intelligence in Industry 4.0: A Collection of Innovative Research Case-studies, June, 2020.

[10] Leveson N, Thomas J. The STPA handbook. March, 2018.

[11] Schagaev I, Kaegi-Trachsel T. Fault tolerance: theory and concepts. Software Design for Resilient Computer Systems, Springer, 2016.

[12] Li C, Sifakis J, Wang Q, et al. Simulation-based validation for autonomous driving systems: Proceedings of the 32nd ACM SIGSOFT Interna- tional Symposium on Software Testing and Analysis, 2023.

[13] Bozga M, Sifakis J. Specification and validation of autonomous driving systems: a multilevel semantic framework. CoRR, abs/2109.06478, 2021.

[14] OpenDRIVE Format Specification, VIRES Simulationste-chnologie GmbH, Tech. Rep., 2015.

[15] ASAM Open. Scenario-dynamic content in driving simulation, UML Modeling Rules. Tech. Rep. V 1.0.0, ASAM, 2020.

[16] Kahneman D, Thinking, fast and slow. Farrar, Straus and Giroux, 2011.

[17] Lipton Z C. The mythos of model interpretability. arXiv, June 2016.

[18] Doran D, Schulz S, Besold T R. What does explainable AI really mean? A New Conceptualization of Perspectives. arXiv: 1710.00794 [cs.AI], 2017.

[19] Katz G, Barrett C, Dill D, et al. Relu-plex: an efficient SMT solver for verifying deep neural Networks. arXiv, 2017.

[20] Sifakis J. Rigorous system design. Foundations and Trends in Electronic Design Automation. 2012, 6(4): 293-362.

[21] Dambrot S M, de Kerchove D, Flammini F, et al. Symbiotic autonomous

systems. White Paper II, IEEE, October 2018.

[22] NHTSA. Federal Automated Vehicles Policy: Accelerating the Next Revolution in Road-way Safety, September, 2016.

[23] De Millo R A, Lipton R J, Perlis A J. Social Processes and Proofs of Theorems and Programs. Communications of ACM, 1979(5).

第 6 章

自主系统的智能测试

6.1 智能的内涵

当前，以ChatGPT为代表的大语言模型（Large Language Model，LLM）在自然语言处理等领域所展现出来的突破性进展，引起了社会的广泛关注。大量的媒体宣传和追捧给我们造成一种错觉：我们已经无限接近实现通用人工智能！事实上，我们对人工智能持有一种过于乐观的态度，而忽视了它只是在单一领域、单一任务上取得突破的事实。一方面，当前的人工智能还不能刻画人类智能在许多方面的特征；另一方面，我们对于什么是智能、如何判定系统的智能水平，以及如何在系统中实现给定能力水平的智能等问题，仍然无法给出让人信服的答案。

6.1.1 自主系统的视角

《牛津学习词典》将智能定义为“学习、理解和思考逻辑事物的能力”[1]。这种观点在自主系统的设计过程中也被广泛采纳。

自主系统是一种与环境存在动态交互的智能系统。自主系统既包括反应式行为，例如，系统对传感器提供的输入做出反应，并产生由执行器执行的命令；也包括主动行为，例如，基于感知获得的知识和预设的目标来计算新的行为。自主系统也可能是由多个分布式的智能体所组成的复杂集群系统，其中，每个智能体实现特定的局部目标，而集群系统通过协调多个智能体，来确保全局目标的实现。全局目标通常可以描述为分布式系统的特定属性，包括简单的互斥或调度属性，也包括一些更加复杂的属性。这些属性通常可以通过适当的协同机制或协议来实现，例如，通过自组织机制实现动态变化的目标[2]，通过自修复机制应对自主系统的故障[3]，抑或通过适当的分布式协同机制来确保自动驾驶系统符合公平性标准，以避免可能导致交通拥堵或低效占用的“自私”行为等。然而，单个智能体在实现局部目标方面的正确性并不能保证集群系统的行为能够实现全局目标。集群系统的全局目标在多大程度上可以分解细化到单个智能体系统的设计需求，仍然是一个公开的难题。

事实上，我们从自主系统角度所理解的智能，与当前的人工智能有着显著的差异。自主系统的智能行为，如前文所述，可以视为五种功能的组合实现[4-5]，这五种功能包括感知、理解、规划、目标管理和自学习，其中，感知功能用于创建环境模型，理解和规划功能用于实现基于环境模型的决策规划，目标管理和自学习功能用于解决环境模型的不确定性、不完整性等问题。环境感知的复杂性随着从单一领域到多领域，再到开放世界场景的变化而逐渐增加；决策的复杂性随着从单一目标向多目标以及从单体系统向集群系统的转变而增加。然而，目前以机器学习为代表的人工智能主要关注单一领域和单一目标的系统，其智能行为还只限于处理单一类型任务。

自主系统设计并不是一个简单的机器学习问题，上述特性使自主系统的设计与实现变得极其困难[6]。当前，自主系统的设计方法主要有两种，但都无法应对自主系统所面临的挑战。第一种是传统的基于模型的系统工程方法，由于自主系统具有较高的复杂性，并且在系统的感知功能中，使用大量不可解释的人工智能算法[7]，故这种方法难以构造准确的系统模型；第二种是基于机器学习的端到端的方法，这种方法因缺乏可信性保证，难以应用于安全关键领域。

自主系统的愿景是取代人在执行任务过程中所扮演的角色。然而，在实际的物理环境中，采用自主系统来执行任务，仍然存在一些复杂的工程问题。首先，需要对自主系统进行详细的风险分析，以确定可能的危害，并建立相应的危害响应和恢复机制；此外，还需要开发准确且合理的外部接口，包括传感器、执行器以及人机交互接口等。通常，我们认为自主系统和人类操作员之间协作是为了提高系统的可靠性，但在实际应用中，简单的人机协作很难取得预期的效果。例如，当自动驾驶系统请求驾驶员接管时，驾驶员可能并没有足够的时间实现车辆的安全控制，此时若直接否定自动驾驶系统的决策，可能会带来严重的安全风险。事实上，由自主系统和人类操作员之间的安全协作所带来的共生自主问题，其复杂性远远超出了传统的人机交互问题[4]。

6.1.2 人类智能的视角

人类智能的一个重要方面在于，人可以将具体的感知信息与抽象的常识知识结合起来[8]。这背后存在一个庞大的语义模型，涉及用于解释感知信息的抽象概念、认知规则和推理模式等。人的感知能力结合了从传感器层面到心理认知层面的自下而上的推理，以及从语义模型到感知信息的自上而下的分解。这是与神经网络之间的一个主要区别。例如，人因为可以将感知信息与相关的概念模型和特性关联起来，所以就能够轻松地识别那些部分被积雪覆盖的停车标志；相比之下，神经网络必须经过大量的训练，覆盖所有天气条件下的停车标志，才能确保准确无误地识别[5]。为了让机器具有与人相匹配的感知能力，必须将基于数据的学习能力与基于模型的推理能力相结合，使机器逐渐建立基于其外界环境的语义模型，这可能是最难解决的问题。

人具有特定的基于价值的决策机制。决策机制通常根据相关的领域价值标准，估计主观的“价值平衡”，包括经济、政治、法律、教育、军事、道德、宗教、美学等[5]。基于这个决策机制，人可以在多种目标之间进行选择，以确定每项行动所需或产生的价值，从而处理多种目标来满足其相应的需求[9]。如果将人类社会看作能够管理多个目标并适应环境变化的自主系统，那么人类智能还具有社会维度：一方面，人能够创造协同作用并为社会目标做出贡献；另一方面，人是在社会生活和社会进化过程中形成的。人的价值体系反映了他们所属的社会组织的共同价值体系，通过奖励对组织有益的行为，并惩罚不利于组织的行为，来促进共同目标的实现。因此，价值体系实现了凝聚个体、实现共同目标的协同作用。基于价值的决策机制使我们能够理解社会及其个体作为动态系统的行为，以及社会智能是如何产生的。

人的感知能力能够将抽象知识与具体信息相结合，并做出高效的基于价值的决策。而基于大数据的人工智能更擅长从大量的高维数据里生成经验性知识，我们称之为基于数据的知识。通过将机器与人进行比较，我们发现二者在发现和应用知识的能力方面存在显著的差异和互补性。受这种互补性的启发，我们引申出一个智能空间（见图 6.1），可以通过基于数据的知识和符号知识两个维度进行刻画。在基于数据的知识维度，机器具有更高的效率；而人在处理符号知识方面更胜一筹，因而具有更高的抽象能力。

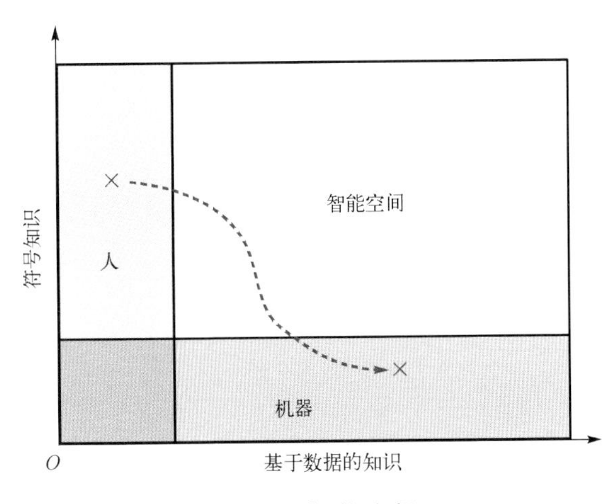

图 6.1　智能空间

机器不具备人的认知能力，这主要是因为人的思维是基于常识的，可以将符号化的逻辑模型与具体化的感知信息相结合，并且具有一个非常复杂且难以理解的基于价值观的决策系统。但是人的认知能力仅限于掌握复杂的关系和做出最佳决策[10]。机器可以从海量的多维数据中学习出复杂的关联关系，从而生成一种特定类型的基于数据的知识，而人在这类任务中所表现出的能力是非常有限的。替换测试考虑了人和机器之间的互补性，可用以产生新的智能概念。这些概念反映出在不同程度上结合基于数据的知识和符号知识的能力。

能否通过使用神经网络来消除符号知识和基于数据的知识之间的差距？我们尚不能回答这个问题。这需要深入研究人在生成和应用符号知识方面的机制。最近的研究成果表明，大语言模型可以为符号推理问题提供一种新的解决方案[11]。然而，人在符号知识处理方面的能力是否都可以通过数据驱动技术来解决？我们认为，机器要在抽象和创造力方面具备与人相匹配的能力，还有很长的路要走。

6.2 智能测试方法

智能测试（intelligence test）是一种判定系统是否具有智能的方法，其基本思想是，为系统的智能水平定义一套严格的判定标准，并通过系统在完成不同类型任务等方面的行为，判定系统的智能水平。

图灵测试（Turing test）[12]，是一种典型的智能测试方法，是一种基于交互式对话方式的判定方法。相对于其他方法[13]而言，图灵测试的主要优势在于，它为智能提供了一种具有可操作性的刻画方式，使得智能水平的判定可以在具体的实验环境中实现。在实际应用中，图灵测试仍然存在一些问题。

一方面，失败的图灵测试无法提供有用的信息，而只有成功的图灵测试才能提供有用的信息[14]。因此，制定实用的标准来判定测试是否成功是至关重要的。然而，测试人员往往根据主观标准来判断测试是否成功，并且测试人员对测试问题的选择可能带有主观倾向性：有些人可能偏好抽象推理的问题，而另一些人可能偏好具有一定计算复杂性的问题。

另一方面，图灵测试在刻画人的智能方面存在不足。例如，人在社交活动中所展示的各种行为能力是图灵测试中的交互式对话所无法表述的。

6.2.1 替换测试的概念

在文献[4]中，我们提出了替换测试（replacement test）的概念。作为图灵测试的一种泛化，替换测试可用于比较两个系统在给定上下文中执行相应任务的能力，或者说一个系统在给定上下文中能够成功替换另一个系统完成相应任务的能力。

为了形式化地描述替换测试的基本思想，我们假设两个系

统 S_1 和 S_2 都运行在一个共同的测试上下文 C 中，后者确定了可观测的输入变量 x 和输出变量 y 及其值域 $\mathrm{Dom}(x)$ 和 $\mathrm{Dom}(y)$。我们用方程 $y = C[S](x)$ 表示待测系统 S 在测试上下文 C 和输入变量 x 作用下的行为，用含有变量 x 和 y 的谓词 $P(x, y)$ 描述测试成功标准。

替换测试的目的在于判断系统 S_1 在执行以谓词 P 为成功标准的任务时是否能够成功地取代另一个系统 S_2。具体地，给定测试上下文 C 以及两个系统 S_1 和 S_2，如果以下条件满足：$\forall t \in \mathrm{Dom}(x)$，$P(t, C[S_2](t)) \Rightarrow P(t, C[S_1](t))$，那么我们说系统 S_1 在测试上下文 C 和成功标准 P 下可以替换系统 S_2。进一步，如果 $\forall t \in \mathrm{Dom}(x)$，$P(t, C[S_1](t)) = P(t, C[S_2](t)$，那么我们说两个系统 S_1 和 S_2 是等价的，即在测试上下文 C 中，成功标准 P 无法区分系统 S_1 和 S_2。很明显，当系统 S_1 和 S_2 分别表示人和机器时，这种等价性与图灵测试是一致的。此时，变量 x 和 y 分别表示自然语言描述的问题和答案，测试上下文 C 定义了智能系统在与测试人员交换信息时的操作方式，谓词 P 表示了测试人员将问题与相应答案进行比较的标准。

我们可以将替换测试推广到由多个智能体组成的复杂集群系统。例如，对于一个由 n 个自动驾驶车辆组成的车联网，我们可以测试该车联网 $(S_1', S_2', \cdots, S_n')$ 是否可以代替相应的由人类驾驶员所控制的车辆 $(S_1, S_2, \cdots, S_n)$ 来完成相应的驾驶任务。此时，待测集群系统可以形式化地表示为 $y = C[S_1, S_2, \cdots, S_n](x)$，其中 x 和 y 分别为输入变量和输出变量的 n 元组，输入变

量 x_i 为第 i 辆车的驾驶场景，包括其初始位置、速度和目的地等；第 i 辆车的输出变量 y_i 为一个从起点到终点的连续位置的序列，以及车辆在每个位置的运动学属性。测试上下文 C 为车辆的运行环境及其约束条件，包括路网、信号灯以及指示牌等交通基础设施。谓词 P 描述了车辆在给定测试上下文中的成功标准。通常，谓词 P 既可以刻画安全性质，如防碰撞等，也可以刻画非功能安全性质，如驾驶舒适度、交通拥堵程度等。谓词 P 可以使用一阶逻辑[15]进行形式化描述，这就使得我们可以对给定的测试结果进行严格评估。通过将替换测试拓展到集群系统，我们能够判定集群系统相关的智能行为(集群智能)，而不仅仅是单个智能体的智能行为。

替换测试并不考虑系统的实现方式，两个行为等价的系统可能使用不同的实现方式。替换测试在一个特定的测试上下文中，以给定谓词 P 所指定的测试标准，比较两个系统完成相应任务的能力，从而为判断系统的智能水平提供一种可操作的判定标准。需要指出的是，替换测试中的任务可以是交互式对话任务，也可以是与人的智能相关的任务，如学习、创作等任务。这种任务的难点在于如何对测试标准进行严格的形式化定义。替换测试也提供了一种比较人和机器执行特定任务的能力的方法学基础。例如，我们可以将人在执行某种任务方面的能力与机器的能力进行比较。这里的任务可以是任何类型的，也可能涉及与人或者外界物理环境的交互。

替换测试认为，智能存在多方面的特征，每种特征都可以通过系统在特定环境中执行相应任务的能力进行刻画。从这个角度来看，替换测试的概念与我们对人的智能的认识是一致的。通常，我们将人的智能理解为多种任务技能或能力相结合的结果。替换测试能够刻画这些与人的智能相关的任务，而这些任务是图灵测试无法刻画的。替换测试还能够刻画集群系统克服个体局限性、实现特定目标的能力，如通过相互协作完成复杂任务的能力，而这些目标任务是任何一个具有有限感知和行动的智能体都无法单独完成的。

6.2.2 通用测试框架

替换测试从系统执行给定任务的能力的角度，为智能提供了一种一般化的定义和判定方法，也为智能测试提供了一种具有可操作性的实现方式。为了实现替换测试，我们需要一套有效的方法来验证自主系统的行为是否满足给定的属性，即回答自主系统 S 是否满足谓词 P 指定的测试成功标准的问题。

正如前文所述，自主系统的验证远远超出了传统形式化验证方法的能力范围。形式化验证方法可以用来分析抽象模型所描述的所有系统行为，并判定其性质是否可满足。神经网络由于缺乏明确和可信的行为模型，阻碍了形式化验证方法在自主系统属性验证方面的应用，也限制了可验证的属性类型及其有效性的置信度水平。当前，利用形式化验证方法难以对大规模神经网络进行推理分析。部分关于可解释人工智能的工作构建神经网络行为的抽象模型，并在此抽象模型上开展验证[7,16-17]，但是对实际应用的神经网络而言，其网络结构的复杂性和激活函数的非线性等特性使得抽象模型的构建极具挑战。基于抽象模型的神经网络验证仍然面临着诸多技术难题，难以应用于复杂的自主系统。

与基于模型的形式化验证方法相比，测试方法不能提供完备的属性保证。尽管这个问题涉及的认识论和方法论的问题值得进一步探讨，但在现有的技术能力基础上，具有严格理论基础的统计测试似乎是唯一现实且可行的方法。即便如此，我们依然只能测试那些能够通过可观察变量关系进行描述的属性，而与心理状态相关的属性并不在测试的范围内。在本章中，我们阐述一种可应用于自主系统验证的通用测试框架。该框架借鉴了文献[18-19]中阐述的一种经验导向的计算方法，并为基于测试的经验知识(empirical knowledge)生成提供了必要条件。

回顾基于测试方法的系统属性验证的基本原则。测试方法受系统可观察性和可控性约束，我们可以通过测试来分析那些能够被观察和控制的系统对外部激励的反应行为。具体来说，为了回答待测系统 S 是否满足谓词 $P(x,y)$，首先构建基于测试的系统属性验证框架(见图 6.2)，其中：

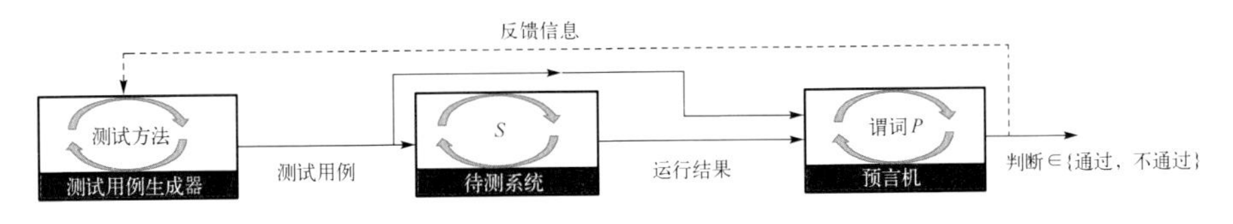

图 6.2　基于测试的系统属性验证框架

(1) 测试用例生成器：按照特定的测试方法生成测试用例 $t \in \mathrm{Dom}(x)$；

(2) 预言机：对于每个测试用例 $t \in \mathrm{Dom}(x)$ 和相应的运行结果 $r \in \mathrm{Dom}(y)$，评估谓词 P 是否成立。若谓词 P 成立，则意味着对于任何测试用例 t 和相应的运行结果 r，系统 S 满足谓词 P 所刻画的属性。

预言机描述了待测系统可观察的输入量及输出量之间的关系。预言机可以是由机器辅助执行的算法，也可以是能够根据明确且合理的标准进行判断的人类专家。测试用例是根据特定测试方法而选择的输入量，可以是一种特定的输入数据模式，也可以是任意长度的输入数据序列。系统在测试用例作用下产生相应的输出，测试的目的则是根据系统的输出，判断相应属性的可满足性。通常，待测系统可以是物理系统，也可以是计算系统。我们希望测试的属性既包括系统的行为属性，也包括系统的智能水平。

通常，我们考虑两种测试方法：

(1) 黑盒测试：只能访问待测系统的输入量和输出量。黑盒测试更适用于神经网络系统。然而，一般情况下，神经网络系统的测试用例数量非常大，甚至是无限的。枚举型的黑盒测试仅适用于有限域上的无记忆函数系统。

(2) 白盒测试：已知系统的行为模型，可以用来尽可能多地遍历待测系统的行为。白盒测试能够将经验数据与模型推理相结合，以实现系统行为的高覆盖度遍历。这通常是测试软件系统的方法，测试用例的生成过程可以结合系统模型的分析结果，而测试方法根据系统的输出响应和监控器的反馈信息动态调整测试用例的生成。

如何在所有可能的输入中选择合适的测试用例？随机测试的解决方法虽然简单可行，但在测试效果方面差强人意。如文献[20]所述，假设每个测试用例检测到的故障是恒定的，那么随机测试很难在测试用例集有限的情况下，保证令人满意的可靠性水平。为了解决上述问题，我们结合文献[21]中关于观测等效性的一些想法，考虑谓词 P 在测试用例集上定义的观测等价关系。我们说两个测试用例 t_1、t_2 对于谓词 P 是等价的（记为 $t_1 \approx_P t_2$），当且仅当对于任何相应的运行 r_1 和 r_2，$P(t_1, r_1) = P(t_2, r_2)$。因此，假设谓词 P 成立，我们可以通过考虑每个等价类中的一个测试用例来降低测试的复杂性[22]。按照蜕变测试（metamorphic test）的思路[23]，如果等价的测试用例可以通过谓词 P 进行区分，那么我们也可以证明谓词 P 是不可满足的。此外，该通用测试框架还使用了如下两个相互依赖的函数：

（1）效率函数 eff：对于给定的测试用例集 T，该函数计算结果 $\mathrm{eff}(T) \in [0, 1]$，用于度量测试用例集 T 与谓词 P 相关的系统行为的关联程度。在硬件或软件系统的测试方法中，效率函数通常基于以下两种类型的标准来刻画测试方法对系统行为的覆盖程度：结构化标准，用于表示测试用例所覆盖的系统结构的百分比，如源代码行数的百分比或控制流图分支的百分比等[24]；功能性标准，表示测试用例可以执行的某些基本系统功能，如传输信息、制动或适应刺激等[25]。

(2) 计分函数 sc：对于给定的测试用例集 T 和相应的一组运行 R，计算 $sc(T, R)$，作为系统 S 满足谓词 P 的可能性的度量，这是关于谓词 P 的可满足性的定量信息。计分函数 sc 通常在相应的覆盖率标准下，提供测试用例的平均成功率或置信度[26-27]。需要注意的是，基于该函数的计算结果，预言机可以选择那些能够提高测试过程效率的测试用例，并将这些信息反馈给测试用例生成器，从而实现对测试用例生成过程的动态调整[28]。

函数 eff 和 sc 应当满足以下条件：

(1) eff 函数的单调性：对于测试用例集 T_1、T_2，若 $T_1 \subseteq T_2$，则 $eff(T_1) \leqslant eff(T_2)$。换言之，测试方法是递进的：向测试用例集添加新的测试用例不会降低其效率。

(2) eff 函数相对于谓词 P 的一致性：如果两个测试用例 t_1、t_2 无法由谓词 P 进行区分，那么就认为它们是一致的，即 $t_1 \approx_P t_2$ 表示 $eff(\{t_1\}) = eff(\{t_2\})$。

(3) 同等有效的测试用例集 T_1、T_2 应该具有“相似”的分数：$eff(T_1) = eff(T_2)$ 意味着 $sc(T_1, R_1) \sim sc(T_2, R_2)$，其中 R_1 和 R_2 是对应于 T_1、T_2 的运行结果，关系～是函数 sc 上的相似关系，用于比较两个分数的相似度。该条件反映了测试方法的可重现性，是保证测试方法“客观性”的基本要求[29]。

为确保测试方法的可构造性，测试用例集还需要满足以下两个条件。一个条件是，允许通过组合的方式来构建更加高效的测试用例集，即对于测试用例集 T_1、T_2、T_3、T_4，$\mathrm{eff}(T_1)=\mathrm{eff}(T_2)$，$\mathrm{eff}(T_3)=\mathrm{eff}(T_4)$，$\mathrm{eff}(T_1 \cup T_3)=\mathrm{eff}(T_2 \cup T_4)$；另一个重要的条件是，对于任一更加高效的测试用例集，其相应的分数应当更加准确。

需要注意的是，神经网络对抗样本[30]的存在使得上述通用测试框架的某些条件无法成立。一个典型的对抗样本的例子是，对输入数据的微小扰动或损坏，使得神经网络对输入数据进行了错误的分类，而这种错误的分类是预言机无法区分的。这就意味着存在两个测试用例 t_1 和 t_2，其中 $t_1 \approx_P t_2$，$\mathrm{eff}(\{t_1\})=\mathrm{eff}(\{t_2\})$，而 t_1 和 t_2 对应的测试的分数是不同的。然而，如果能够找到足够多的统计数据来描述对抗样本的根本原因，那么我们就能够给出新的条件来区分这种反常现象。

6.3 智能测试的适用性

工程实践通常遵循认知准则。当我们说一个系统具有某种属性时，我们必须给出该属性的严格定义，以及可用于证明其可满足性的验证标准。在没有严格定义或验证标准的情况下，讨论系统的属性是没有意义的。如前文所述，系统工程主要关注三种类型的属性：①功能安全属性，意味着系统在执行过程中永远不会进入“不好的状态”，这些状态可以通过与状态变量相关的约束条件来显式刻画；②信息安全属性，意味着系统能够抵御那些威胁数据完整性、隐私性和可用性的攻击；③性能属性，关注的是系统资源及其利用情况。本章的测试方法主要用于功能安全属性和信息安全属性的有效性证明或证伪。即便如此，测试结果在实际情况下的应用依然存在局限性。例如，自动驾驶系统在仿真测试系统中安全地运行了100亿公里(或者更多)，并不一定意味着真实场景下的自动驾驶系统具备安全驾驶的能力[31]。我们必须将仿真测试系统中的运行与真实场景下的行为相关联，以确保仿真测试系统覆盖了足够全面的真实场景，如不同的道路类型、交通条件、天气条件等。那么，我们能够在多大程度上采用测试方法对智能进行评估呢？

表6.1展示了六种不同类型的系统在测试方法适用性方面的差异。

表6.1 测试方法适用性差异的示例

待测系统 S	谓词 P	测试方法	谓词 P 的预言机	分析结果
太阳系	牛顿定律 系统 S 的数学模型	基于模型的覆盖率标准	用于检测牛顿定律的测量	结论性证据 客观可复现
飞行控制器	安全属性 系统 S 的数学模型	基于模型的覆盖率标准	系统运行结果的自动分析	结论性证据 客观可复现
族群	对医学治疗的反应 如疫苗	基于统计学的临床试验	临床数据的专家分析	统计性证据 统计可复现
图像分类器	图像分类关系 $\rightarrow \in$ IMAGES×{cat, dog}	图像测试方法	基于客观认识的判断	统计性证据 统计可复现
仿真的自动驾驶系统	形式化描述的属性 如交通规则	驾驶场景的测试方法	系统运行结果的自动分析	统计性证据 统计可复现
大语言模型ChatGPT	自然语言描述的问答	自然语言的测试方法	基于主观标准的判断	无客观证据

第一、二种系统适用于白盒测试方法，这里的数学模型作为经验知识的一种补充，允许测试方法对系统行为进行推理和分析，并且预言机都采用了基于客观标准的方法。

第三种系统是族群，对于这类系统，采用统计学的方法来估计疫苗的有效性。统计学方法奠定了基于实验结果观测等价关系的采样技术的基础。这里的样本包括每个类别中典型代表的比例，以反映它们在测试空间中的重要性。实际上，对于一个族群而言，我们不可能构造准确的行为模型。然而，采样技术使我们能够充分覆盖有关个体。预言机可以看作一个具有专业知识的分析师，应用预定义的方法对实验数据进行分析，并判断测试的结果。

第四种系统是具有明确分类标准的图像分类器，对于这类系统，即使谓词 P 不能进行形式化描述，我们也可以充分依赖人的判断。此外，我们需要一种基于适当的覆盖率标准的采样技术，来估计系统能够按照预期方式运行的概率。当然，这些覆盖率标准必须考虑到可能出现的神经网络对抗样本的情况。

第五种系统是仿真的自动驾驶系统，对于这类系统，可以将预言机所需要的谓词进行形式化描述。例如，对于给定的交通规则，我们可以基于交通规则的形式化描述，检测观察的行为是否违反了该谓词[15]。然而，我们仍然缺乏高效的采样技术来生成一组驾驶场景，并且确保这些场景能够充分覆盖真实的交通情境。

第六种系统是完成自然语言处理的大语言模型 ChatGPT，对于这类系统，严格的测试几乎是不可能的。首先，由于没有对大语言模型提示（prompt）和模型输出之间内在关系的刻画，我们无法明确描述大语言模型的属性。其次，为了应用统计学方法，我们需要覆盖率标准，然而，这对于自然语言来说是很困难的，目前，部分研究人员认为，大语言模型在语义敏感任务相关的测试集上的成功，是大语言模型能够理解、处理自然语言的充分证据[32]，但是，这些研究人员往往忽略了前述问题。此外，除大语言模型的训练数据没有考虑到语言的语义外，我们还不可能证明前述测试集是公平且无偏差的。

近年来，“负责任的人工智能（responsible AI）”概念[33-34]提出，人工智能的开发和使用应当符合相应的公平、透明和问责等标准。此外，许多研究人员尝试将信念、欲望和意图等心理状态划归自主系统的属性[35-37]，在系统实现时，信念、欲望和意图等心理状态将会由知识、目标以及实现给定目标的任务计划等进行表征[35]。有些研究人员甚至认为，我们不能证明自主系统总是做正确的事情，而只能证明其行为出于正确的原因[35]。然而，这种“以人为中心”的评价标准很难进行严格的形式化描述，也无法通过待测系统的可观测值进行定义。

更一般地，根据道德准则判断机器的行为，意味着机器能够理解、预测或估计其行为的后果，实际上这也意味着机器可以建立一个关于外部世界的语义模型，并在这个模型上评估自身行为的影响[5]。然而，有文献认为，理解能力无法通过实验来辨别[38]，人工智能与人类价值观的对齐也是一个公开的难题[39]。这里的主要原因在于，我们既不了解人类意志或者价值观是如何产生和形成的，也不了解基于价值的决策系统的内在本质，我们甚至还不清楚人工智能中的多目标优化方法是否可以刻画涉及大量动态变化和多层次结构目标的人类决策机制，这些目标受到不同的时间约束，并依赖于目前尚不清楚的复杂交织的价值系统[5]。因此，我们认为，如果从基于客观标准的测试转向对道德规则或价值观的对齐，将会陷入无休止的主观辩论。

参考文献

[1] Intelligence, Oxford Learner's Dictionaries.

[2] Storey V C, Lukyanenko R, Maass W, et al. Explainable AI. Communications of the ACM, 2022(4), 65(4): 27-29.

[3] Brambilla M, Ferrante E, Birattari M, et al. Swarm robotics: a review from the swarm engineering perspective. Swarm Intelligence, 2013(7): 1-41.

[4] Sifakis J, Harel D. Trustworthy autonomous system development. ACM Transactions on Embedded Computing Systems, 2023, 22(3): 1-24.

[5] McLachlan S, Kyrimi E, Dube K, et al, The self-driving car: crossroads at the bleeding edge of artificial intelligence and law. ArXiv abs/2202.02734, 2022.

[6] David H, Marron A, Sifakis J. Creating a foundation for next-generation autonomous systems. IEEE Design & Test, 2021(39).

[7] Sifakis J. Understanding and changing the world: from information to knowledge and intelligence. Springer, 2022.

[8] Bender E M, Gebru T, McMillan-Major A, et al. On the dangers of stochastic parrots: can language models be too big: Proceedings of the 2021 ACM Conference on Fairness, Accoun-tability, and Transparency, March, 2021.

[9] Davis E, Marcus G. Commonsense reasoning and commonsense knowledge in artificial intelligence. Communications of the ACM, 2015(9), 58(9): 92-103.

[10] Rangel A, Camerer C, Montague P R. Neuroeconomics: the neurobiology of value-based decision-making. Nat Rev Neurosci. 2008(7), 9(7): 545-556.

[11] Simon H A. Theories of bounded rationality. CIP WP #66, March, 1964.

[12] Turing A M. Computing machinery and intelligence. Mind, 1950(10), 59(236): 433-460.

[13] Legg S, Hutter M. A collection of definitions of intelligence. arXiv: 0706. 3639v1 [cs. AI] 25 Jun 2007.

[14] French R M. The turing test: the first 50 years. Trends in Cognitive Sciences,

2000, Elsevier.

[15] Bozga M, Sifakis J. Specification and validation of autonomous driving systems: a multilevel semantic framework. arXiv: 2109. 06478v1 [cs.MA] 14 Sep 2021.

[16] Schneider C, Barker A, Dobson S A. A survey of self-healing systems frameworks. Software Practice and Experiences, 2015, 45(10): 1375-1398.

[17] Katz G, Barrett C, Dill D, et al. Reluplex: an efficient SMT solver for verifying deep neural networks. arXiv: 1702. 01135v2 [cs.AI], 19 May 2017.

[18] Wegner P. Towards empirical computer science. The Monist, 1999(1), 82(1): 58-108.

[19] Newell A, Simon H. Computer science as empirical inquiry: symbols and search. Communications of the ACM, 1976(3), 19(3).

[20] Franco N, Wollschläger T, Gao N, et al. Quantum robustness verification: a hybrid quantum-classical neural network certifi- cation algorithm. arXiv: 2205. 00900v1 [quant-ph], 2 May 2022.

[21] Cockburn A, Dragicevic P, Besancon L, et al. Threats of a replication crisis in empirical computer science. Communications of the ACM, 2020(8), 63(8).

[22] Butler R W, Finelli G B. The infeasibility of quantifying the reliability of life-critical real-time software. IEEE Transactions on Software Engineering, 1993(1), 19(1).

[23] Ostrand T J, Balcer M J. The category-partition method for specifying and generating functional tests. Communications of the ACM, 1988(6), 31(6).

[24] Zhou Z Q, Sun L Q. Metamorphic testing of driverless cars. Communications of the ACM, 2019(3), 62(3).

[25] Wegener J, Baresel A, Sthamer H. Evolutionary test environment for automatic structural testing. Information and Software Technology, 2001, 43.

[26] Jard C, Jéron T. TGV: theory, principles and algorithms: a tool for the automatic synthesis of conformance test cases for non-deterministic reactive systems. International Journal on Software Tools for Technology Transfer, 2005, 7: 297-315.

[27] Denise, Gaudel M-C, Gouraud S-D. A generic method for statistical testing: IEEE 15th International Symposium on Software Reliability Engineering, Nov. 2-5, 2004.

[28] Gouraud S-D, Denise A, Gaudel M-C, et al. A new way of automating statistical testing methods: IEEE Proceedings 16th Annual International Conference on Automated Software Engineering, Nov. 26-29, 2001.

[29] Harman M, Jia Y, Zhang Y Y. Achievements, open problems and challenges for search-based software testing: IEEE 8th International Conference on Software Testing, Verification and Validation, 2015.

[30] Denning P. Is computer science science? Communications of the ACM. 2005(4).

[31] WAYMO. Waymo reaches 5 million self-driven miles. February 27, 2018.

[32] Vamplew P, Dazeley R, Foale C, et al. Human-aligned artificial intelligence is a multiobjective problem. Ethics and Information Technology, 2018, 20(1).

[33] Searle J R. Minds, brains and programs. Behavior Brain Science, 1980, 3: 417-424.

[34] Arrieta A B, et al. Explainable artificial intelligence (XAI): concepts, taxonomies, opportunities and challenges toward responsible AI. arXiv: 1910. 10045v2 [cs.AI] 26 Dec 2019.

[35] Kurakin A, Goodfellow I J, Bengio S. Adversarial examples in the physical world. arXiv: 1607. 02533v4 [cs.CV] 11 Feb 2017.

[36] Dennis L, Fisher M, Slavkovik M, et al. Formal verification of ethical choices in autonomous systems. Robotics and Autonomous Systems, 2016, 77: 1-14.

[37] Anderson M, Anderson S L. Machine ethics: Creating an Ethical intel-

ligent agent. AI Magazine, 2007, 28(4).

[38] Dignum V, et al. Ethics by design: necessity or curse? AIES, February 2-3, 2018, New Orleans, LA, USA.

[39] Google. Why we focus on Al (and to what end), January 16, 2023.

第 7 章

系统设计的挑战与展望

当前，随着人工智能技术的快速发展和广泛应用，系统工程正处于一个新的转折点。一方面，在过去的实践过程中，我们在模型驱动的系统设计方法方面开展了大量的研究工作，也积累了大量的实践经验。模型驱动方法已经成功应用于航空航天、核电站等嵌入式控制系统。这类系统通常是运行在封闭环境中的集中式自动化系统，并且具有可预测的环境以及可解释的需求规范。另一方面，对于基于人工智能的自主系统而言，其运行环境具有高度不可预测性，并且需求规范具有不可解释性。这些差异使得传统的模型驱动的系统设计方法难以直接应用于自主系统，以至于许多人认为严密的基于模型的系统设计方法对自主系统来说存在固有不足，甚至成为新的智能技术发展和应用的障碍。相反，他们对临时的、特定的解决方案更有信心，并且认为有必要摒弃传统的基于模型的系统设计方法。当然，也有人对基于模型的系统设计方法仍然抱有乐观的态度，认为这种方法能够为我们提供正确的理论工具，设计并实现完全自主系统只是时间问题。

数据驱动的自主系统设计大都采用基于机器学习的端到端解决方案，并不遵循“设计即安全”的范式，无法提供安全关键领域的可信性保证。以自动驾驶系统为例，我们认为基于人工智能的端到端的系统设计方案很难被广泛接受，主要原因在于,这种方案存在系统行为无法解释，以及可信性无法验证的缺陷；此外，在缺乏标准规范的情况下，系统设计人员通过“自我认证”而不是第三方独立认证机构来确认系统的可信性；最后，自主系统中的安全关键软件可以定期更新，这意味着系统状态是持续演变的，没有稳态，可信性无法按照有关标准规范的要求在设计时得到持续的保证。

自主系统设计是一个多学科交叉的问题。这里面既有基于模型的系统工程的问题，也有与数据驱动的人工智能相关的重要问题。我们认为，自主系统设计方法应当向模型驱动与数据驱动相融合的混合设计方法进行转变。混合设计方法一方面可以利用严格的模型和知识体系来进行安全和可解释的决策，另一方面也可以借助人工智能算法和技术来提高系统的运行效率，具有更高的可行性。这种发展趋势已经逐步成为当下的热点议题。此外，随着自主系统的多样性和复杂性的增加，我们很难通过严密的形式验证方法来确保自主系统的可信性，也难以确保自主系统达到与自动化系统相同的置信度。我们认为，自主系统的可信性验证也应当从经典的形式验证向基于仿真测试的经验性验证转变。因此，我们有必要为自主系统的可信性验证构建一个健全的理论方法框架。由于真实的物理世界和抽象的系统模型之间存在重要的差异，这个框架将是经验性、实证性的。

自主系统设计面临的另一个关键问题是如何消除符号知识和具体信息之间的差异。特别是当我们试图将符号化的环境模型与具体的感知信息模型相关联时，这个问题尤为突出。这个问题促进了可解释人工智能技术的发展。目前，大部分工作的基本思想是，构建一个能够解释神经网络行为的数学模型。考虑到神经网络的结构，以及描述网络节点输入/输出行为的数学函数，构建这个数学模型在理论上是可行的。例如，对于前馈网络（feed-forward network），我们可以通过在每层网络上传播输入值来计算输出值。显然，这种计算的难度取决于节点所采用的激活函数类型。对于线性整流函数（Rectified Linear Unit，ReLU）而言，典型的结果（如第2章的文献[5]）为神经网络的形式化验证以及鲁棒性分析提供了一种思路。因此，如果神经网络固有的复杂性问题能够得以解决，我们可以在混合设计方法中更好地集成基于数据的组件和基于模型的组件。

不可否认的是，人在理解复杂情境方面的能力远远高于当前的自主系统等机器，这是因为人拥有常识性知识和推理能力[1]。人的思维通过结合自底向上和自顶向下两种推理模式来理解现实情境。前者是从感知信息层次到抽象概念的过程，而后者是从抽象概念到感知信息的过程。此外，人还具有通过后天学习逐渐建立的世界语义模型。

相反，基于机器学习的自主系统通常只是自底向上的推理过程，例如，自动驾驶系统可能将一张有“月亮”的图片错误地识别为黄色的交通灯[2]。人永远不会犯这类错误，这是因为人能够使用常识逻辑进行推理，从而将感知信息与上下文情境进行关联。因此，驾驶员会做出一个常识推理：交通灯不可能悬挂在天空中！同样，当看到一个停车标识被雪覆盖了一部分，我们仍然能够通过验证部分图像与停车标识（尺寸、颜色和位置等）相匹配，从而判断它确实是一个停车标识。另外，基于神经网络的自动驾驶系统必须采集所有可能的天气条件下的停车标识数据进行训练，才有可能正确识别上述情境下的停车标识。这个简单的例子也解释了人和机器在感知上的差异。此外，人在处理罕见事件和突发情况等方面也胜过机器。人具有创造力和发明力，并且不受预定义的目标和数量的限制。

总之，具备“完全自主”能力的自主系统要具有与人相匹配的感知能力，必须能够将具体的感知信息与大量的符号知识相结合。这里的挑战在于，如何设计开发一个“自学习系统”，该系统能够通过结合机器学习和推理技术逐渐构建环境的语义模型。我们在前文中阐述了自动化系统和自主系统之间存在巨大差异。自动驾驶系统研制开发所面临的种种障碍表明，自动化系统到自主系统的过渡不会是渐进的，高级驾驶辅助系统也无法逐渐演变成自动驾驶系统！除非我们能够提出一种新的系统设计范式，例如，提出一种能够提供置信度保证，且不依赖人工建模的“构造即正确”技术。否则，从系统工程的角度来说，我们应该适当放弃对“完全自主”的奢望，而寻求“共生自主”的方案[3]，从而在人与自主系统之间进行适当的职责划分。

我们认为，自主系统的可信性不仅仅是一个技术概念，同时也具有主观和社会维度。由于生活在同一个社会中，我们不能忽视第三方机构在塑造公众对真实、正确、安全等认知方面的作用。另外，安全关键系统的认证仍然需要由第三方独立机构根据相关的标准规范进行，这些标准规范要求系统可信性能够建立在基于模型的结论性证据基础之上[4]。

自主系统还可能引发一系列伦理问题，这是我们能否接受基于机器生成的、不可解释的知识而做出的关键决策的重要影响因素。我们认为，真正的威胁不是自主系统等机器的智能水平将超越人的智能水平或者机器可能接管人类社会；真正的威胁在于，在大量的关键决策过程中，负有责任的人类操作员被未经监管的不可信的机器所取代。我们不能在经济利益的驱动下，在没有严格可信性保证的前提下，错误地将决策权授予机器。我们对自主系统的接受程度取决于我们能否正确地判断何时信任它们以及何时不信任它们。能否正确判断主要取决于两个因素。第一个因素是，我们能否根据严格的评估标准为自主系统定义可信性标准和规范。我们认为，当前的“自我规范”和“自我认证”趋势是寻求可信性的临时解决方案，而不是长久的解决方案。新标准的发展将取决于现有技术的发展和有关机构的推动。第二个因素涉及社会意识和社会责任。公众舆论对自主系统等机器故障的容忍度要低于对人为错误的容忍度。例如，公众对自动驾驶系统故障存在更多的质疑。即使自主系统最终能够像人一样可信，它们在执行安全关键任务时的可靠性仍然会受到质疑。这种情况下，使用以下谨慎原则是一个很好的选择：当自主系统是关键决策过程的一部分时，我们必须确保自主系统的决策是安全和公平的[5]。该原则已经成为欧盟相关法律和法规的事实基础。

最后，我们认为，解决自主系统设计所面临的问题将成为缩小或消除人工智能和人的智能之间差距的重要一步。要实现这一目标，仅仅结合现有的智能计算、自适应系统和自主智能体等方面的理论方法是不够的，我们还需要建立一个新的面向自主系统工程学科的理论技术基础，这个过程无疑需要付出大量的时间和努力！

参考文献

[1] Davis E, Marcus G. Common sense reasoning and common sense knowledge in artificial intelligence: Communications of the ACM, 2015(8).

[2] Abolfazl R, Chen X, Li H, et al. Deep learning serves traffic safety analysis: a Forward-looking review. arXiv abs/2203.10939, 2022.

[3] Dambrot S M, de Kerchove D, Flammini F, et al. Symbiotic autonomous systems. White Paper II, IEEE, October 2018.

[4] Neumann P. Trustworthiness and truthfulness are essential. Communications of the ACM, 2017.

[5] Lud D. Encyclopedia of Sustainable Management. Springer, 2023.